Berichte des
Deutschen Ausschusses
für Stahlbau

Ausgabe B

(Fortsetzung der vom Deutschen Stahlbau-Verband, Berlin, herausgegebenen Berichte des früheren Ausschusses für Versuche im Stahlbau)

Heft 11

Versuche und Feststellungen zur Entwicklung der geschweißten Brücken

Von

Otto Graf
o. Professor an der Technischen Hochschule Stuttgart

Mit 188 Textabbildungen
und 27 Zusammenstellungen

Springer-Verlag Berlin Heidelberg GmbH
1940

ISBN 978-3-7091-9745-5   ISBN 978-3-7091-9992-3 (eBook)
DOI 10.1007/978-3-7091-9992-3

Inhaltsverzeichnis.

Seite

Einleitung 1

1. Angaben, die über die Beschaffenheit der gebrochenen Träger vor Beginn der Versuche vorlagen 2
   a) Über den Werkstoff 2
   b) Über die Herstellung der gebrochenen Träger 2

2. Fragen, welche durch die im folgenden beschriebenen Versuche zuerst zu beantworten waren 2

3. Allgemeine Bedingungen für die Versuche 4

4. Versuche mit den Trägern 1 bis 6 der Gruppe Ia. Gurte aus Wulstprofilen, vgl. Zusammenstellung 2 5
   a) Bauart der Träger 5
   b) Eigenschaften der Werkstoffe zu den Trägern 1 bis 6 7
   c) Herstellung der Träger 8
   d) Anstrengungen in den Aussteifungen der Träger 1, 2 und 4 nach Abb. 3 bis 5, hervorgerufen durch das Schweißen 11
   e) Formänderungen der Gurte der Träger 1, 2 und 4 nach Abb. 3 bis 5, hervorgerufen durch das Schweißen 11
   f) Allgemeines über den Zustand der Träger 1 bis 3 nach Abb. 3 und 4 vor der Prüfung 16
   g) Die Prüfung der Träger 1 bis 6 nach Abb. 3 bis 5 16
   h) Einsenkungen der Träger 1, 3 und 5 18
   i) Strecklinien, die beim Biegeversuch beobachtet wurden 18
   k) Allgemeines über das Verhalten der Balken am Schluß des Biegeversuchs. Höchstlasten der Balken 23
   l) Gefüge im Querschnitt der Halsnähte. Härte des Schweißguts 25
   m) Zustand der harten Zonen im Übergang der Halsnaht zu den Gurten und zum Steg. Querrisse . 29

5. Versuche mit den Trägern 7 bis 10 der Gruppe Ib. Gurte aus Stegprofilen, vgl. Zusammenstellung 2 . 39
   a) Bauart der Träger 39
   b) Eigenschaften der Werkstoffe zu den Trägern 7 bis 10 40
   c) Herstellung der Träger 41
   d) Anstrengungen in den Aussteifungen der Träger 7 bis 9, hervorgerufen durch das Schweißen . . 41
   e) Formänderungen der Gurte des Trägers 7 nach Abb. 66, sowie des Trägers 10 nach Abb. 72, hervorgerufen durch das Schweißen 41
   f) Allgemeines über den Zustand der Träger 7 bis 10 vor der Prüfung 45
   g) Die Prüfung der Träger 7 bis 10 45
   h) Einsenkungen der Träger 7 bis 9 45
   i) Strecklinien, die beim Biegeversuch auf den Trägern beobachtet wurden 46
   k) Höchstlasten der Balken 8 und 9 46
   l) Gefüge der Halsnähte. Härte des Schweißguts 47
   m) Querrisse in den Halsnähten der Träger 7 bis 9 49

6. Versuche mit Stücken aus gebrochenen Versuchsträgern 52
   A. Versuche mit Reststücken aus dem Versuchsträger VII A, beschrieben von K. Schreiner im Stahlbau 1938, S. 156f. 52
      a) Aussehen der Bruchfläche 53
      b) Gefüge im Querschnitt der Halsnaht. Härte in den Übergangszonen 53
      c) Zustand der harten Zonen im Übergang der Halsnaht zum Zuggurt und Stegblech 53
      d) Faltversuche mit Proben aus dem Zuggurt des Trägers 53
   B. Versuche mit Reststücken aus dem Versuchsträger „M 52“ 54
      a) Aussehen der Bruchfläche 56
      b) Gefüge der Halsnaht 56
      c) Faltversuche mit Proben aus dem Zuggurt 56

Seite

7. Versuche mit Proben aus der geschweißten Brücke über die Hardenbergstraße in Berlin 56

   a) Anstrengungen der Halsnaht am Zuggurt 56
   b) Gefüge der Halsnaht 59
   c) Faltversuche mit Proben aus den Gurten und Gurtverstärkungen 60
   d) Schlagversuche mit Proben aus dem Wulstflachstahl und aus der Gurtverstärkung 61
   e) Dauerzugversuche 61

8. Versuche über das Verhalten von 20, 30 und 50 mm dicken Breitflachstählen verschiedener Herkunft nach dem Aufbringen von Schweißraupen beim Biegeversuch. Untersuchungen über das Gefüge der Proben. Prüfung der Kerbschlagzähigkeit der verwendeten Werkstoffe. Vergleichende Versuche mit Werkstoffen aus schadhaft gewordenen Brücken und aus Versuchsträgern 61

   a) Abmessungen der Proben zu den Biegeversuchen. Angaben über die Art der Werkstoffe, ihre chemische Zusammensetzung und ihre Festigkeit 64
   b) Vorbereitung der Proben für den Biegeversuch 65
   c) Ausführung des Biegeversuchs 66
   d) Beobachtungen über die Rißbildung in der Schweißraupe und im Breitflachstahl beim Biegeversuch. Aussehen des Bruchquerschnitts. Besondere Versuche zur Feststellung des Ausgangs der Anrisse 67
   e) Biegewinkel beim ersten Anriß. Durchbiegungen der Breitflachstähle beim Biegeversuch 71
   f) Bleibende Biegewinkel am Schluß des Versuchs 83
   g) Allgemeine Bemerkungen zu den Ergebnissen der Biegeversuche. Weitere Hilfsmittel zur Beurteilung der Stähle auf ihre Brauchbarkeit für geschweißte Tragwerke 84
   h) Härte des Werkstoffs im Einlieferungszustand und im Übergang der Schweißnaht zum Grundwerkstoff 85
   i) Prüfung der Werkstoffe durch Biegeversuche mit abgeschreckten Proben 89
   k) Prüfung der Werkstoffe durch den Kerbschlagbiegeversuch nach DIN DVM A 115 92
   l) Prüfung der Werkstoffe durch den Kerbschlagbiegeversuch mit Proben nach Abb. 140 92
   m) Gefüge der Werkstoffe in den Proben zum Biegeversuch nach Abb. 118 98
   n) Korngröße nach McQuaid-Ehn 102
   o) Dilatometrische Messungen von O. Werner 103

9. Versuche über den Einfluß der Lage der Schweißraupe und über die Art der Vorbereitung der Nut für die Schweißraupe bei Biegeversuchen nach Abb. 118. Biegeversuche mit Flachstählen, die bei niederer Temperatur geschweißt wurden 103

10. Schlußbemerkungen 108

Zusammenstellungen:

   1. Angaben der Hersteller und der Abnahmebeamten über die Herstellung der Brückenträger nach Abb. 1 und 2 3
   2. Biegeversuche mit Trägern nach Abb. 3 bis 5, sowie nach Abb. 66, 67 und 72 6
   3. Chemische Zusammensetzung der Gurtplatten zur Brücke nach Abb. 1 und zu den Trägern nach Abb. 3 bis 5 7
   4. Angaben der Abnahmebeamten und der Stahlwerke über den gelieferten Stahl, verwendet gemäß den Angaben in Spalte 26 8
   5. Auszug aus den Beobachtungen, die beim Schweißen der Halsnähte des Trägers 2 nach Abb. 3 (Reihe 1 der Gruppe Ia) gemacht worden sind. Bezeichnung der Schweißlagen nach Abb. 6 . . . 10
   6. Träger der Gruppe Ia, Bauart nach Abb. 3 und 5. Spannungen, die in den Stegblechaussteifungen aus IP 10 beim Schweißen entstanden sind, berechnet aus den Längenänderungen der 200 mm langen Meßstrecken in der Mitte der Außenflächen der Aussteifungen 12
   7. Ergebnisse des Biegeversuchs mit dem Träger 2 17
   8. Auszug aus den Feststellungen bei den Biegeversuchen mit den Versuchsträgern der Gruppe I (Versuchsträger aus St 52 von Peine). Über die Prüfung der Versuchsträger vgl. Zusammenstellung 2, Spalte 8 22
   9. Härte im Bereich der Halsnähte in Trägern der Gruppe I 29
   10. Untersuchung der Halsnähte der Versuchsträger 1 bis 9 nach Querrissen in der Übergangszone . . 30
   11. Dauerzugversuche mit Probestäben nach Abb. 55 aus den Halsnähten am Zuggurt der Träger 4 und 6 37
   12. Dauerzugversuche mit Probestäben nach Abb. 61 aus der Halsnaht am Druckgurt eines Stücks der Brücke über die Hardenbergstraße 38
   13. Auszug aus den Beobachtungen, die beim Schweißen der Halsnähte des Trägers 7 nach Abb. 66 (Reihe 1 der Gruppe Ib) gemacht worden sind. Bezeichnung der Schweißlagen nach Abb. 70 . . 42
   14. Träger der Gruppe Ib nach Abb. 66 und 72 (Gurte aus Stegprofilen). Spannungen, die in den Stegblechaussteifungen aus IP 10 beim Schweißen entstanden sind, berechnet aus den Längenänderungen der 200 mm langen Meßstrecken in der Mitte der Außenflächen der Aussteifungen 43

Seite

15. Faltversuche mit Probestücken aus dem Zuggurt des Trägers nach Abb. 100 und 101 . . . . . 61[1]

16. Versuche der Gruppe IV (Faltversuche). Angaben der Abnahmebeamten und der Stahlwerke über die Eigenschaften der Breitflachstähle (chemische Zusammensetzung, Schmelzung, Walztemperatur, Glühbehandlung, Zug- und Kerbschlagversuche, sowie Korngröße) 63

17. Feststellungen beim Aufbringen der Schweißraupe auf die Breitflachstähle zum Biegeversuch nach Abb. 118 . . . . 65[1]

18. Risse an Flachstählen mit Schweißraupe, unter dem Mikroskop gesucht 72

19. Biegeversuche nach Abb. 118 mit 20 mm dicken Breitflachstählen 74

20. Biegeversuche nach Abb. 118 mit 30 mm dicken Breitflachstählen 76

21. Biegeversuche nach Abb. 118 mit 50 mm dicken Breitflachstählen 78

22. Biegeversuche nach Abb. 118 mit 50 mm dicken Breitflachstählen 80

23. Härte des Grundwerkstoffs und der Schweißstellen von Breitflachstählen 87

24. Biegeversuche mit abgeschreckten Flachstäben 90

25. Versuche zur Feststellung der Kerbschlagzähigkeit . . . . 93[1]

26. Korngröße nach McQuaid-Ehn 102

27. Biegeversuche mit Stegprofilen 106

---

[1] Diese Zusammenstellungen sind bei den angegebenen Seiten eingeheftet.

Vorwort.

Die Schweißung stählerner Brücken, auch aus St 52, war, nachdem die neue Bauweise durch gewissenhafte Versuchsforschung und durch eingehende theoretische Überlegungen gründlich unterbaut war, schon weitgehend gefördert worden, als plötzlich an zwei geschweißten Brücken aus St 52 die bekannten Rückschläge auftraten.

Die wirtschaftlichen und technischen Vorteile geschweißter Traggebilde gegenüber genieteten sind aber so bedeutend, daß man sich durch die Unfälle nicht entmutigen ließ, sondern beschloß, die Ursachen der Fehlschläge gründlich zu erforschen und Mittel und Wege zu suchen, um in Zukunft solche Schäden mit Sicherheit zu vermeiden und so die Möglichkeit weiterer Fortschritte auf dem eingeschlagenen Wege zu schaffen.

Über den ersten Teil der Untersuchungen, die im Auftrag des Deutschen Ausschusses für Stahlbau zur Durchführung gebracht worden sind, ist in der nachstehenden Abhandlung berichtet.

Stuttgart, im Januar 1940.

Schaper.

Einleitung.

Durch Vorträge und Veröffentlichungen[1] ist bekannt, daß im Januar 1938 eine geschweißte Trägerbrücke plötzlich, und zwar zeitlich nacheinander an 2 Stellen gebrochen ist. Abb. 1 zeigt das äußere einer Bruchstelle. Abb. 2 gibt den Querschnitt der anderen Bruchstelle wieder. Es handelt sich hiernach um Träger mit Gurten aus Wulstprofilen. Die Höhe der gebrochenen Träger beträgt rd. 3 m, die Dicke der Gurte 39 mm, die Breite der Gurte 640 mm. Im Falle der Abb. 1 liegt der Bruch weit ab von Stumpfstößen, im Falle der Abb. 2 nahe einer Stumpfnaht des Stegblechs. Die Bruchstellen zeigen nach dem Augenschein nur kleine Mängel. Die Brüche sind Trennungsbrüche; es fehlen also mit dem Auge wahrnehmbare bleibende Verformungen des Werkstoffs an den Bruchstellen.

Das Aussehen der Bruchflächen ist derart, daß man zunächst vermutet, der Bruch sei in einem Gang erfolgt. Nach den später gewonnenen Erkenntnissen ist anzunehmen, daß feine kurze Anrisse in harten Zonen des Übergangs der Schweißnaht zum Grundwerkstoff den Ausgang bildeten; ob diese Anrisse schon längere Zeit vor dem Bruch vorhanden waren, oder ob das Durchschlagen der Zugzone des Trägers unmittelbar nach dem Auftreten der feinen Anrisse stattfand, sei zunächst dahingestellt.

Zur Klärung der Umstände, welche den Schaden verursacht haben, berief der Vorsitzende des Deutschen Ausschusses für Stahlbau, Herr Geh. Baurat Ministerialdirigent Professor Dr.-Ing. e. h. Schaper, einen Sonderausschuß. Die erste Sitzung dieses Ausschusses, dem zunächst die Herren Dr. Grosse, Professor Dr.-Ing. Klöppel, Direktor Dr.-Ing. Kommerell, Ministerialrat Professor Dr.-Ing. Schaechterle und

Abb. 1. Riß im Hauptträger einer geschweißten Brücke.

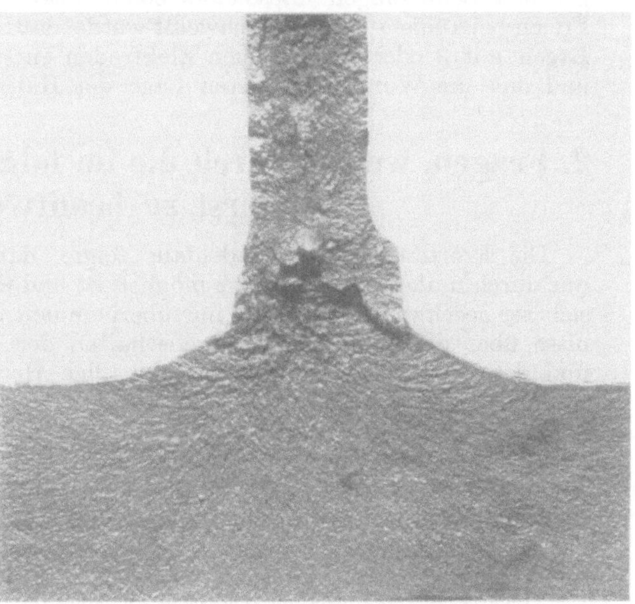

Abb. 2. Bruchfläche der Zugzone eines Hauptträgers einer geschweißten Brücke.

---

[1] Vgl. Schaper: Bautechn. 1938 S. 649f. — Schaechterle: Bautechn. 1939 S. 46f. — Kommerell Bautechn. 1939 S. 161f.

der Berichter (als Obmann) angehörten, fand am 23. und 24. März 1938 statt. Nach Aufstellung eines Arbeitsplans wurde unverzüglich die Durchführung der Versuche begonnen. Dies war möglich, weil die Ilseder Hütte, die Gutehoffnungshütte, die Brückenbauanstalt Dörnen in Dortmund-Derne sowie die Maschinenfabrik Eßlingen in außerordentlicher Weise ihre Unterstützung gaben.

An der Ausführung der Versuche waren als meine Mitarbeiter beteiligt: Herr Oberingenieur Brenner, Herr Ingenieur Hirt, Herr Ingenieur Strey, Herr Ingenieur Schmid und namentlich Herr Ingenieur Munzinger. Herr Munzinger hat mich auch bei der Berichterstattung unterstützt. Ferner haben die Herren Dipl.-Ing. Bubeck und Dipl.-Ing. Lange bei der Zusammenfassung der Ergebnisse in Tabellen und Zeichnungen mitgewirkt[1]. Die Gefügebilder sind im Institut für die Materialprüfungen des Maschinenbaues durch Herrn Oberingenieur Dr.-Ing. Wellinger besorgt worden.

1. Angaben, die über die Beschaffenheit der gebrochenen Träger vor Beginn der Versuche vorlagen.

Als die Besprechung der Ursachen des Schadens aufgenommen wurde, war folgendes bekannt.

a) Über den Werkstoff. Der Werkstoff des Gurts und des Stegs der gebrochenen Träger entsprach den damals geltenden Lieferbedingungen der Deutschen Reichsbahn. Die Größe der Poren der Schweißnaht blieb an den Bruchstellen in den üblichen zur Zeit als unvermeidbar geltenden Grenzen. Die Bruchstelle enthielt in der Schweißnaht harte Schichten mit einer Zugfestigkeit von 100 kg/mm² und mehr.

b) Über die Herstellung der gebrochenen Träger. Die Stegblechaussteifungen waren ohne Beiplättchen zwischen die Gurte geklemmt. Damit waren erhebliche örtliche Verformungen der Gurte aufgetreten. Dieser Zustand entstand wie folgt. Zuerst sind die Aussteifungen auf die Stegbleche geschweißt worden; hierauf wurden die Gurte ohne oder mit zu kleinem Spielraum auf die Aussteifungen gelegt und schließlich die Halsnähte hergestellt; beim Schrumpfen der Halsnähte wurden die Gurte gegen die Stegblechaussteifungen gepreßt und dadurch die Gurte verformt.

Die Herstellung der Brückenträger erfolgte unter den in Zusammenstellung 1 angegebenen Bedingungen. Besonders bemerkenswert ist hierbei, daß ein Teil der Träger im Freien bei kühlem Wetter geschweißt wurde, daß an den Halsnähten zunächst eine oder zwei Lagen mit 3 oder 4 mm dicken Elektroden entstanden, daß die Träger gewendet wurden und daß die Wurzel der ersten Lage der Halsnaht mit dem Meißel ausgekreuzt wurde.

2. Fragen, welche durch die im folgenden beschriebenen Versuche zuerst zu beantworten waren.

Die Erörterung des Schadenfalls zeigte, daß eine Klarstellung der Schadenursachen nur durch umfassende Versuche möglich ist und daß eine Gewähr für die Lieferung betriebssicherer geschweißter Brücken nur übernommen werden kann, wenn tiefergehende Erkenntnisse über die notwendigen Eigenschaften der Schweißnähte, des Werkstoffs der Gurte und der Stege und über die zweckmäßige Herstellung der geschweißten Tragwerke gewonnen sind.

Zunächst hat der Berichter folgende Fragen gestellt:

a) Entstehen unter gewöhnlichen äußeren Umständen mit Werkstoffen, die denen in der gebrochenen Brücke hinsichtlich ihrer inneren Eigenschaften, auch nach Gestalt und Maß gleichen, brauchbare oder unbrauchbare Schweißnähte? Wo beginnt die Zerstörung der Halsnähte der Träger?

---

[1] Im Auszug vorgetragen im Deutschen Ausschuß für Stahlbau, und zwar von Abschnitt 1 bis 4 und von Abschnitt 8 am 22. November 1938, ferner von Abschnitt 1 bis 9 am 8. November 1939. Andere Mitteilungen erfolgten in der Brenzgruppe des Vereins deutscher Ingenieure am 14. Dezember 1939. — Weitere Berichte folgen.

Zusammenstellung 1.

Angaben der Hersteller und der Abnahmebeamten über die Herstellung der Brückenträger nach Abb. 1 und 2.

1	2	3	4	5	6	7	8	9	10
Hersteller	Ort	Zeit	Temperatur °C	Anwärmen der Träger	Elektroden zur 1. Lage der Halsnähte	Elektroden für die 2. und folgenden Lagen der Halsnähte	Reihenfolge der Schweißnähte	Reihenfolge der Schweißlagen in der Halsnaht	Wende- oder Drehvorrichtung
G	Geschlossene Werkshalle	April bis Juli 1936, 6 bis 24 Uhr	—	Nein	Kjellberg St 52 A, ummantelt, 4 mm Dmr.	Kjellberg St52A, ummantelt, 5 mm Dmr.	1. a) Stumpfnähte der Gurtplatten b) der Stegbleche 2. Halsnähte 3. Aussteifungen zwischen den Gurtplatten	Auf einer Seite 2 Lagen, wenden, auskreuzen, hier 3 Lagen, wenden, auf der 1. Seite 3. und 4. Lage, wenden, auf der 2. Seite letzte Lage	Drehvorrichtung
C	Geschlossene Werkshalle	—	Immer über +5	Nein	Kjellberg St 52 A (auf einer Seite), 4 mm Dmr.	Böhler E18, 6 mm Dmr., in einer Lage auf jeder Seite, mit Automat	Zuerst die Halsnähte, dann Aussteifungen	Siehe Spalte 7	Drehvorrichtung
B	Werkshalle	Mai bis September 1936	—	Nein	Kjellberg St 52 A, ummantelt, 4 mm Dmr.	—	1. Stumpfstöße der Stegbleche 2. 1. und 2. Lage einer Seite der Halsnähte 3. Aussteifungen der Stegbleche 4. Restliche Lagen der Halsnähte	Auf einer Seite 2 Lagen, Aussteifungen einpassen und schweißen, 3. Lage der 1. Seite schweißen, wenden, auskreuzen, 3 Lagen der Gegenseite schweißen	Drehvorrichtung
H	Im Freien, bei Regenwetter Planüberdachung	Mai und Juni 1936	—	Nein	In der Werkstatt: „Kjellberg St 52 A", „Arcos Superend", beide 4 mm Dmr. ummantelt; auf der Baustelle nur „Kjellberg St 52 A", 4 mm Dmr.	—	1. Stumpfstöße der Stegbleche 2. Aussteifungen auf Stegbleche geschweißt 3. Lamellen an Aussteifungen und Stegblechkante mit 3 bis bis 4 mm Spielraum gelegt 4. Halsnähte	Auf einer Seite 2 Lagen, wenden, auskreuzen, 3 Lagen auf der Gegenseite, wenden, 2 Lagen auf der 1. Seite, wenden und 2 Lagen auf der Gegenseite fertigschweißen; wenden und Gegenseite mit der Decklage fertigschweißen	Wendevorrichtung
K	Werkshalle	15. 3. bis 1. 8. 1936	10 bis 22	Nein	Kjellberg St 52 A, ummantelt, 3 und 4 mm Dmr.[1]	Kjellberg St52A, ummantelt, 5 mm Dmr.	1. Stegbleche fertigmachen 2. Gurte fertigmachen 3. in Drehvorrichtung gelegt und ausgerichtet; Gurte am Stegblech mit 3 mm, an Aussteifungen mit rd. 1 bis 1,5 mm Spielraum 4. Halsnähte	Auf einer Seite 2 Lagen, drehen, auskreuzen, auf der Gegenseite ebenfalls 2 Lagen, drehen, 3. Lage auf der 1. Seite, drehen und 3. Lage auf der Gegenseite	Drehvorrichtung

[1] Auch die 1. Lage auf der Gegenseite.

b) Wie muß der Werkstoff der Gurte, der Stegbleche und der Schweißnähte beschaffen sein, wenn vorzeitige Brüche sicher vermieden werden sollen? Wie muß der Werkstoff geprüft werden, damit man erfährt, daß er zu geschweißten Brücken geeignet ist?

c) Brechen Halsnähte, die nach bisheriger Gepflogenheit ausgeführt sind, bei tiefer Temperatur vorzeitig?

d) Ist die Schweißfolge, überhaupt das Herstellungsverfahren der Träger der gebrochenen Brücke zweckmäßig gewesen? Wie ist künftig zu verfahren? Ist der Bruch der Brücke auf den Umstand zurückzuführen, daß die Stegblechaussteifungen mit großen Kräften gegen die Gurte gedrückt wurden und diese weitgehend verformt haben?

e) Ist das verwendete Wulstprofil künftig auszuscheiden? Ist es nötig, die Profile der Zuggurte der Brückenträger so zu gestalten, daß die Halsnaht auf einem möglichst hohen Steg des Zuggurts liegt? Können andere Bauarten der geschweißten Träger weiterverwendet werden?

Neben diesen Fragen traten noch zahlreiche andere auf. Soweit sie verfolgt werden, sind sie später genannt.

Die genannten 5 Fragen betreffen grundlegende Erfordernisse der Schweißtechnik des Brückenbaus. Es handelt sich um Fragen, die nicht neu waren, aber vordringlich wurden.

Im ganzen handelt es sich um die Tatsache, daß der Fortschritt der Schweißtechnik im Brückenbau und in verwandten Gebieten zur Zeit von der Entwicklung der Erkenntnisse über die Beherrschung des Werkstoffs wesentlich abhängt.

3. Allgemeine Bedingungen für die Versuche.

Für die Herstellung der Versuchskörper, die zur Aufklärung des Schadensfalls in erster Linie beizutragen hatten, wurde vom Versuchsausschuß gemäß dem unter 2. Gesagten folgendes vorgesehen.

a) Es sind Versuchsträger herzustellen, welche die Mängel der Brückenträger tunlichst enthalten.

b) Dazu sind aus den Brückenträgern nahe den Bruchstellen große Stücke zu entnehmen und zu Versuchsträgern zu verarbeiten. Solange dies nicht durchführbar erscheint, sind Träger zu fertigen, die nach Möglichkeit ähnliche Eigenschaften aufweisen, auch Träger und Proben, die davon abweichen, damit die vermutlichen Ursachen in ihrer Bedeutung verfolgt werden können.

c) Dazu gehört, daß der Werkstoff der Versuchsträger nach der chemischen Zusammensetzung und nach seinen sonstigen Eigenschaften tunlichst nahe der oberen Grenze liegt, die in den Lieferbedingungen der Reichsbahn vor Erstellung der schadhaft gewordenen Brücke gegeben war. Als Schweißstäbe sind solche der Marke „Kjellberg St 52 A" zu zu wählen, weil diese Stäbe in den schadhaft gewordenen Brückenträgern verwendet waren.

d) Die Gurte der Träger sind aus Wulstprofilen herzustellen. Die Dicke der Gurte ist möglichst groß zu wählen, damit die Abkühlung der Schweißnähte entsprechend den praktischen Verhältnissen erfolgt. Zum Vergleich sind Träger mit Stegprofilen herzustellen.

e) Gemäß der Bedingung a) sind die Aussteifungen der Stegbleche zunächst entsprechend den Verhältnissen in der gebrochenen Brücke ohne Beiplättchen anzubringen derart, daß die Gurte unmittelbar vor dem Schweißen der Halsnähte auf den Stegblechaussteifungen aufliegen. Beim Schweißen der Halsnähte werden deshalb die Aussteifungen unter Druck gesetzt und die Gurte verbogen.

Zum Vergleich sind Träger herzustellen, bei denen die Halsnähte ohne Hinderung durch die Stegblechaussteifungen schrumpfen.

f) Schließlich erschien es wichtig, daß der Bruch der Brücke bei Frostwetter erfolgt ist. Deshalb ist die Prüfung von Trägern bei tiefer Temperatur vorzusehen.

Die Angaben über die Einzelheiten des hiernach aufgestellten Arbeitsplans werden im folgenden mit der Schilderung der Versuchsergebnisse verknüpft.

4. Versuche mit den Trägern 1 bis 6 der Gruppe Ia. Gurte aus Wulstprofilen, vgl. Zusammenstellung 2.

a) Bauart der Träger.

Abb. 3 zeigt die zuerst hergestellten Träger 1 und 2. Die Auflagerentfernung betrug 4000 mm, die Höhe 700 mm. Diese Maße gelten auch für alle später beschriebenen Balken

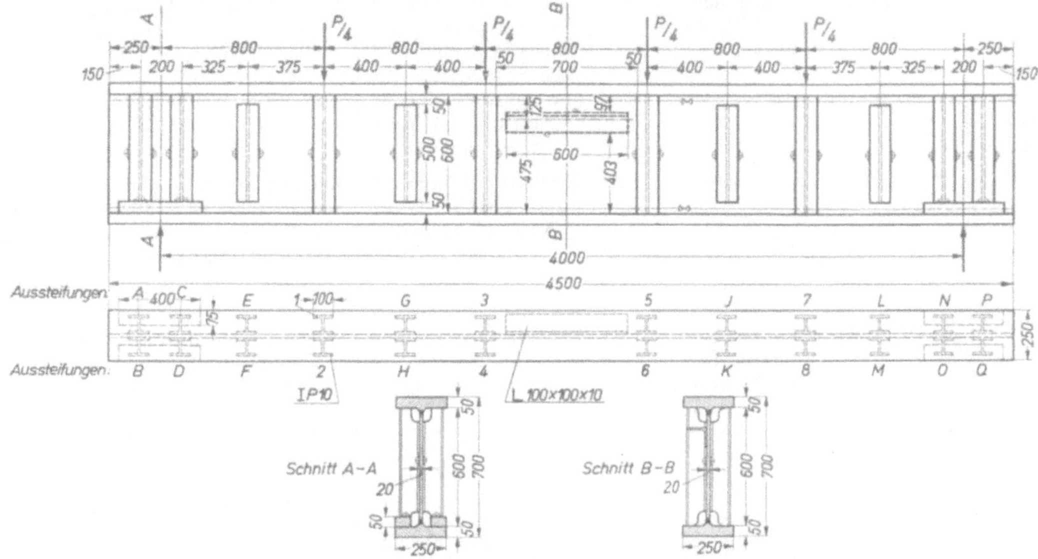

Abb. 3. Träger 1 und 2 der Gruppe Ia, Reihe 1.

der Gruppe I. Die Gurte waren 50 mm dick und 250 mm breit, die Stegbleche waren 20 mm dick. Die Stegbleche hatten Versteifungen aus IP 10; auf jeder Seite waren 12 senkrechte Aussteifungen angebracht; die mit 1 bis 8 bezeichneten Aussteifungen saßen schon vor dem Schweißen der Gurtnähte passend am Zuggurt und am Druckgurt. Die am Balkenende angebrachten Aussteifungen berührten von vornherein nur den Druckgurt. Bei 8 Aussteifungen blieb zwischen ihren Enden und den beiden Gurten ein Spiel von 50 mm. Auf einer Seite saß überdies im mittleren Feld eine waagerechte Aussteifung aus ∟ 100/100/10.

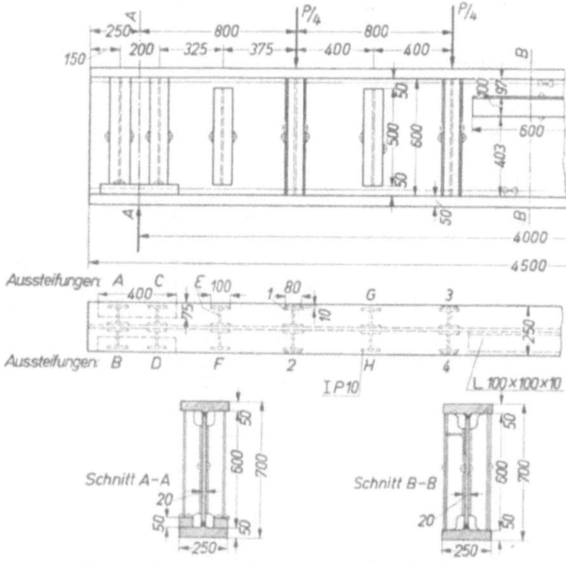

Abb. 4. Träger 3 der Gruppe Ia, Reihe 1a.

In Abb. 4 sind Einzelheiten des Trägers 3 wiedergegeben. Dieser Träger unterscheidet sich von den vorhin beschriebenen dadurch, daß die mit Zahlen bezeichneten 8 Stegblechaussteifungen unter den Laststellen durch je 1 Flachstahl 80 × 10 mm verstärkt worden sind; die Verstärkung ist vor dem Festschweißen der Stegblechaussteifung angebracht worden.

Abb. 5 gibt über die Bauart der Träger 4 bis 6 Auskunft. Hier haben die Stegblechaussteifungen unter den Laststellen den gleichen Querschnitt wie die betreffenden Aussteifungen der Träger 1 und 2 nach Abb. 3; jedoch sind die Aussteifungen unter den

Zusammenstellung 2.

Biegeversuche mit Trägern nach Abb. 3 bis 5, sowie nach Abb. 66, 67 und 72.

1	2	3	4	5	6	7	8
Gruppe, Werkstoff	Untergruppe, Gurtform, Hersteller	Reihe	Bauart der Versuchsträger	Besondere Merkmale der Versuchsträger	Bezeichnung der Versuchsträger	Kühlung der Gurte der Versuchsträger beim Schweißen der Halsnähte	Durchführung der Biegeversuche
I St 52 SM (Peine)	Ia; Wulstflachstähle; Dörnen, Dortmund-Derne	1	Abb. 3	Aussteifungen aus IP 10, eingeklemmt	1	Zuggurt mit dünnem Wasserstrahl bespritzt, Halsnaht nach der ersten Schweißlage von unten mit Preßluft angeblasen (von MPA überwacht)	Zuggurt mit Kohlensäureeis gekühlt —21 bis —28° C; je 20 Lastspiele mit $\sigma_b = 15{,}0$, $22{,}5$, $30{,}0$, $37{,}5$ und $45{,}0$ kg/mm²; je 2 Lastspiele mit $18{,}7$, $26{,}2$, $33{,}7$, $41{,}2$ und $49{,}9$ kg/mm² ($\sigma_{bu} = 2$ kg/mm²), Höchstrandspannung $\sigma_{b\,max} = 50{,}0$ kg/mm²; Einsenkungen gemessen.
					2	Zuggurt mit Eis und Salz gekühlt (von MPA überwacht)	Zuggurt nicht gekühlt; je 20 Lastspiele mit $\sigma_b = 15{,}1$, $22{,}5$, $30{,}0$, $37{,}5$ und $45{,}0$ kg/mm²; je 2 Lastspiele mit $\sigma_b = 18{,}7$, $26{,}2$, $33{,}7$, $41{,}2$ und $50{,}0$ kg/mm² ($\sigma_{bu} = 2$ kg/mm²); Höchstrandspannung $\sigma_{b\,max} = 53{,}7$ kg/mm²; Einsenkungen nicht gemessen.
		1a	Abb. 4	8 Aussteifungen aus IP 10, mit Flachstahl verstärkt und eingeklemmt	3	Zuggurt mit Eis und Salz gekühlt (gemäß Angabe)	Zuggurt nicht gekühlt; zuerst Belastung stufenweise so erhöht, daß $\sigma_b = 15{,}0$, $18{,}7$, $22{,}5$, $26{,}5$ und $30{,}0$ kg/mm²; dann je 500 Lastspiele mit $\sigma_b = 30$ kg/mm², $\sigma_b = 33{,}75$ kg/mm² und $\sigma_b = 37{,}5$ kg/mm²; je 2 Lastspiele mit $\sigma_b = 41{,}2$ und 50 kg/mm², 20 Lastspiele mit $\sigma_b = 45$ kg/mm² ($\sigma_{bu} = 2$ kg/mm²); Höchstrandspannung $\sigma_{b\,max} = 50$ kg/mm²; Einsenkungen gemessen.
		2	Abb. 5	Aussteifungen aus IP 10, nicht eingeklemmt; mit 20 mm dicken Beiplatten	4	Zuggurt mit Eis und Salz gekühlt (von MPA überwacht)	Nicht dem Biegeversuch unterworfen.
					5	Zuggurt mit Eis und Salz gekühlt (gemäß Angabe)	Versuchsträger zuerst 6,5 mm bleibend nach oben durchgebogen, dann Biegeversuch wie bei Träger 1 (Zuggurt mit Kohlensäureeis gekühlt). $\sigma_{b\,max} = 50$ kg/mm².
					6		Nicht dem Biegeversuch unterworfen.
	Ib; Peiner Sonder-Stegprofile; Maschinenfabrik Eßlingen	1	Abb. 66	Aussteifungen aus IP 10, eingeklemmt	7	Zuggurt mit Eis und Salz gekühlt (von MPA überwacht)	Zuerst 500 Lastspiele mit $\sigma_b = 2$ bis 30 kg/mm² ohne Kühlung des Zuggurts, dann 500 Lastspiele mit $\sigma_b = 2$ bis 30 kg/mm² mit Kühlung des Zuggurts; Höchstrandspannung $\sigma_{b\,max} = 30$ kg/mm²; Einsenkungen gemessen.
		1a	Abb. 67	Aussteifungen aus IP 10, eingeklemmt; eingeklemmte Aussteifungen mit Flacheisen verstärkt; Stegbleche im Mittelfeld 2 senkrechte Stumpfnähte	8	Zuggurt mit Eis und Salz gekühlt (gemäß Angabe)	Zuggurt nicht gekühlt. Druckgurt war durch ein Versehen der Brückenbauwerkstätte aus St 44. Zuerst Belastung stufenweise so erhöht, daß $\sigma_b = 15{,}0$, $18{,}7$, $22{,}5$, $26{,}2$ und 30 kg/mm²; dann 500 Lastspiele mit $\sigma_b = 30$ kg/mm²; 2 Lastpiele mit $\sigma_b = 33{,}7$ kg/mm²; 20 Lastspiele mit $\sigma_b = 37{,}5$ kg/mm² und 200 Lastspiele mit $\sigma_b = 41{,}2$ kg/mm²; $\sigma_{bu} = 2$ kg/mm²; Höchstrandspannung $\sigma_{b\,max} = 41{,}2$ kg/mm²; Einsenkungen gemessen.
					9		Zuggurt nicht gekühlt. Zuerst Belastung stufenweise so erhöht, daß $\sigma_b = 15{,}0$, $18{,}7$, $22{,}5$, $26{,}2$ und 30 kg/mm²; dann je 500 Lastspiele mit $\sigma_b = 30$ und $41{,}2$ kg/mm²; je 20 Lastspiele mit $\sigma_b = 37{,}5$ und $45{,}0$ kg/mm², je 2 Lastspiele mit $\sigma_b = 33{,}7$ und 50 kg/mm²; $\sigma_{bu} = 2$ kg/mm²; Höchstrandspannung $\sigma_{b\,max} = 52{,}8$ kg/mm²; Einsenkungen gemessen.
		2	Abb. 72	Aussteifungen aus IP 10, nicht eingeklemmt; mit 20 mm dicken Beiplatten	10	Zuggurt mit Eis und Salz gekühlt (von MPA überwacht)	Noch nicht geprüft.

Laststellen in Abb. 5 an ihren Enden mit Beiplättchen versehen worden, die erst nach dem Schweißen der Halsnähte eingesetzt wurden.

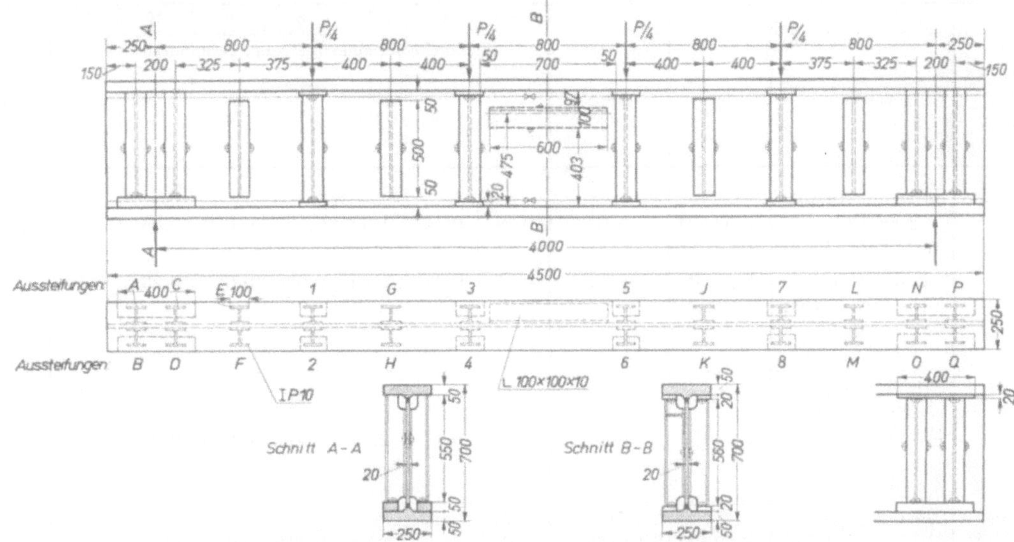

Abb. 5. Träger 4 bis 6 der Gruppe Ia, Reihe 2. Die Anordnung der Endaussteifungen ist für den Träger 4 in der Hauptfigur, für die Träger 5 und 6 in der Nebenfigur unten rechts angegeben.

b) Eigenschaften der Werkstoffe zu den Trägern 1 bis 6.

Zusammenstellung 4 gibt über die Zusammensetzung und über die Festigkeit der verwendeten Werkstoffe Auskunft[1]; die Angaben stammen von den Abnahmebeamten der Deutschen Reichsbahn und von den Ingenieuren der Stahlwerke. Es handelt sich durchweg um Siemens-Martin-Stahl.

In Zusammenstellung 3 ist die Zusammensetzung des Stahls der Gurte der Versuchsträger verglichen mit der Zusammensetzung des Stahls der Gurtplatten der gebrochenen Brückenträger, für die letzteren nach Feststellungen in 3 Versuchsanstalten. Man sieht hieraus, daß der Stahl zu den Versuchsträgern im Durchschnitt etwas weniger Kohlenstoff, Silizium und Kupfer aufwies und mehr Mangan besaß.

Zusammenstellung 3.
Chemische Zusammensetzung der Gurtplatten.

1	2		3	4	5	6	7	8	9	10	11	12
Bauteil	Prüf-stelle		Anteile in %									
			C	Si	Mn	P	S	Cu	Cr	Ni	Mo	N_2
Wulstflachstähle der Versuchsträger Gruppe Ia	Peine		0,17	0,46	1,39	0,027	0,027	0,084	—	—	—	0,0057
Gebrochene Wulstflachstähle der Brücke zu Abb. 1	Bauteil H	MPA D	0,16	0,69	1,07	0,05	0,02	0,17	0,03	—	Sp.	0,007
		KWI	0,15	0,70	1,10	0,05	0,02	0,31	—	—	—	0,006
		CVB	0,16	0,68	1,10	0,04	0,03	0,28	0,03	Sp.	—	—
	Bauteil K	MPA D	0,19	0,62	1,07	0,05	0,032	0,34	0,03	0,05	—	0,005
		CVB	0,20	0,59	1,00	0,06	0,02	0,34	0,03	0,03	—	—
		Peine	0,21	0,58	1,11	0,049	0,028	0,32	—	—	—	—

[1] Aus den Zuggurten der Träger 2 bis 4 sind nachträglich je zwei lange Normalstäbe an den in Abb. 68 mit UG 20 und UG 21 bezeichneten Stellen entnommen worden. Es fand sich im Mittel

für die Stäbe aus dem Träger	2	3	4
Streckgrenze σ_F	35,1	35,6	36,1 kg/mm²
Zugfestigkeit σ_B	54,2	54,1	54,8 kg/mm²
Bruchdehnung δ_{10}	27	25	27 %
Bruchquerschnittsverminderung	64	65	63 %

Zusammen-

Angaben der Abnahmebeamten und der Stahlwerke über den gelieferten

| 1 | 2 | 3 | 4 | Chemische Zusammensetzung, Bestandteile, % | | | | | | | 12 |
| | | | | 5 | 6 | 7 | 8 | 9 | 10 | 11 | |
Form und Abmessungen der Profile, Trägerteil	Walzwerk	Güte	Guß Nr	C	Si	Mn	P	S	Cu	Mo	Bezeichnung
Wulstflach-stahl für Gurte	Ilseder Hütte, Abt. Peiner Walzwerk, Peine	St 52 SM	46 213	0,17	0,46	1,39	0,027	0,027	0,084	—	St 52 P.SMB. 1 St 52 P.SMB. 2 St 52 P.SMB. 3
Stegbleche	Gutehoffnungs-hütte Oberhausen AG., Oberhausen	St 52 SM geglüht	94 465	0,17	0,44	1,10	0,029	0,027	0,33	0,10	—
Stegprofil für Gurte	Ilseder Hütte, Abt. Peiner Walzwerk, Peine	St 52 SM	46 406	0,16	0,42	1,25	0,047	0,020	0,092	—	—
Stegbleche	Friedr. Krupp AG., Friedrich-Alfred-Hütte, Rhein-hausen	St 52 SM	3 A 8197 C 2 3 A 8197 C 3	0,17	0,49	1,41	0,019	0,017	0,36	—	—
IP 10 für Steg-aussteifungen	Ilseder Hütte, Abt. Peiner Walzwerk, Peine	St 52 SM	46 406	0,16	0,42	1,25	0,047	0,020	0,092	—	—
∟ 100 × 100 × 10 für Steg-aussteifungen		St 52 SM	46 406	0,16	0,42	1,25	0,047	0,020	0,092	—	—

Zum Vergleich mit den unter 3. genannten Bedingungen sei erinnert, daß St 52 nach den Lieferbedingungen der Deutschen Reichsbahn folgende Zusammensetzung haben soll: Bis 0,20 % C, bis 0,50 % Si, bis 1,2 % Mn, bis 0,55 % Cu, zusätzlich bis 0,30 % Mn oder bis 0,40 % Cr oder bis 0,20 % Mo; S und P je bis 0,06 %, zusammen bis 0,1 %.

c) Herstellung der Träger.

Die Herstellung der Versuchsträger nach Abb. 3 bis 5 geschah in der Brückenbauanstalt Dörnen in Dortmund-Derne.

Zunächst sind in der Regel[1] die auf 22 mm Höhe und 90° Scheitelwinkel gewalzten Wulste der Gurte auf 20 mm Höhe mit rd. 120° Scheitelwinkel abgehobelt worden. Die Kanten der Stegbleche wurden gemäß Abb. 6 auf rd. 70° gehobelt; dann wurden die Steg-blechaussteifungen (ausgenommen die Steifen C, D, N und O) mit je 2 Kehlnähten aus 4 mm dicken Schweißstäben angeschweißt (Nahtdicke $a = 4$ bis 5 mm)[2].

Die Träger 1, 2 und 3 nach Abb. 3 und 4 sind so vorgerichtet worden, daß die Gurte auf den Aussteifungen auflagen; die Gurte wurden dann mit Bügeln und Schrauben auf die Aussteifungen gepreßt. Heften der Gurte erfolgte nicht.

Beim Träger 4 kam nur der Druckgurt an seinen Enden zur Auflage, bei den Trägern 5 und 6 ist auch dieser auf den Enden frei geblieben. Um das Ganze mit den vorgesehenen Maßen zu halten, sind die Gurte der Träger 4 bis 6 an den Halsnähten, und zwar bei den Aussteifungen 1 bis 8 und nahe den Auflagern geheftet worden.

Dann wurden die Halsnähte gefertigt; Abb. 6 zeigt durch Ziffern die Reihenfolge der Schweißlagen in den Nähten der Träger 2 und 4.

---

[1] Beim Träger 1 sind die Wulstprofile in Walzzustand verwendet worden.

[2] Die Stegbleche sind in Derne nach dem Aufschweißen der Versteifungen durch örtliches Anwärmen mit einer Schweißflamme gerichtet worden.

stellung 4.

Stahl, verwendet gemäß den Angaben in Spalte 26. Gruppe I.

13	14	15	16	17	18	19	20	21	22	23	24	25	26
Walztemperaturen °C				Proben-entnahme	Zugversuche		Bruch-dehnung δ	Quer-schnitts-vermin-derung ψ	Kerbschlagversuche [1]			Korn-größe	
Blockstraße		Fertigstraße			Streck-grenze σ_{zF}	Zug-festigkeit σ_{zB}			Kerbschlagfestigkeit in mkg/cm²				
nach dem 2. Stich	nach dem letzten Stich	nach dem 2. Stich	nach dem letzten Stich		kg/mm²	kg/mm²	%	%	Probe 1	Probe 3	Probe 2		
1150	1110	1020	850	Rand	35,2	56,7	20,5	61,0	13,3	—	—	325	
1180	1130	1020	860	Kern	31,2	53,8	21,2	35,0	—	5,6	14,0	410	Für die Träger der Gruppe I a
1190	1160	940	855	—	—	—	—	—	—	—	—	—	
—	—	—	—	Längs	36,1	52,4	28	—	—	—	—	—	
				Quer	35,5	52,9	26						
—	—	—	—	Flansch-rand	31,6	52,7	24,0	61,2	9,2	—	10,5	—	
—	—	—	—	Flansch-mitte	31,1	51,3	25,0	56,8	—	10,1	—	—	Für die Träger der Gruppe I b
				Stegmitte	31,0	51,8	22,5	51,3	—	—	—	—	
—	—	—	—	—	41	57,5	20	—	—	—	—	—	
—	—	—	—	Flansch-mitte	38,8	55,8	23,7	—	—	—	—	—	
				Stegmitte	38,8	53,2	21,1	—	—	—	—	—	Für die Träger der Gruppe I a und I b
—	—	—	—	—	38,8	57,6	26,1	—	—	—	—	—	

Die erste Schweißlage jeder Halsnaht entstand mit dickummantelten Elektroden Marke Kjellberg St 52 A mit 4 mm Dmr.; zu den weiteren Lagen wurden solche Elektroden mit 5 mm Dmr. verwendet. Die erste Lage der Halsnaht am Zuggurt wurde nach dem Eintragen der Lagen 1 bis 4 im mittleren Balkenteil auf eine Erstreckung von rd. 240 cm mit Preßluftmeißeln ausgekreuzt. Beim Träger 1 wurde die erste Lage der Halsnaht sowohl am Zuggurt als am Druckgurt auf die ganze Länge ausgekreuzt.

Besonders wichtig ist sodann, daß der Zuggurt aller Träger vor und beim Schweißen gekühlt wurde, um die Verhältnisse nachzuahmen, die bei kaltem Wetter in Brückenbauanstalten herrschen können. Dabei ist gesorgt worden, daß jede Schweißlage vor dem Aufbringen einer neuen Lage gekühlt war, entsprechend den Verhältnissen, die beim Schweißen langer Träger bisher üblich waren.

Beim Träger 1 geschah das Abkühlen des Zuggurts mit Wasser und Preßluft, bei den Trägern 2 bis 6 mit einer Kältemischung aus Eis und Kochsalz. Die zu den Trägern 2 bis 6 benutzte Einrichtung ist in Abb. 7 dargestellt. Damit entstanden Anfangstemperaturen des Stahls nahe den Schweißnähten bis herunter zu rd. —4°,

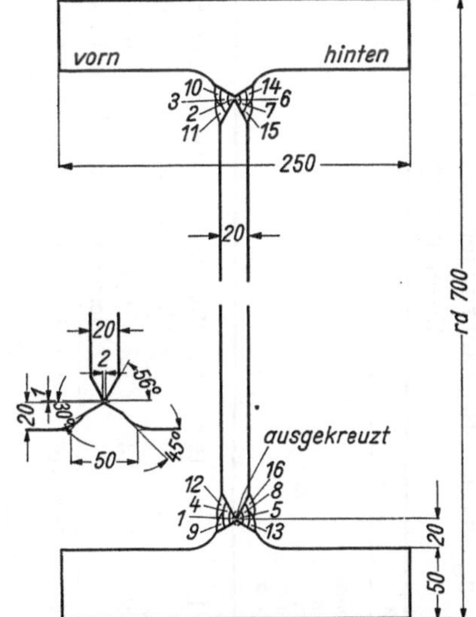

Abb. 6. Querschnitt der Träger nach Abb. 3 bis 5. Reihenfolge der Schweißlagen in den Trägern 2 und 4.

[1] Probe 1 ist nahe einem Rand an einer Breitseite des Wulstflachstahls entnommen worden. Probe 2 stammt aus dem Kern in der Mitte des Wulstflachstahls, Probe 3 aus dem Kern nahe einem Rand.

Zusammenstellung 5.

Auszug aus den Beobachtungen, die beim Schweißen der Halsnähte des Trägers 2 nach Abb. 3 gemacht worden sind. Bezeichnung der Schweißlagen nach Abb. 6. (Reihe 1 der Gruppe Ia.)

1	2	3	4	5	6	7
Tag	Schweiß-lage (vgl. hierzu Abb. 6)	Zeit	Beobachtungen	Schweiß-geschwin-digkeit m/min	Temperatur des Zuggurts an der Meßstelle II, Abb.7, vor Beginn der Schweißung[1] °C	Temperatur der Luft am Versuchs-träger °C
11.7.38	1	15^{05}—15^{30}	Im Mittelfeld des Trägers mit Schweißen begonnen. Eine Elektrode nach links; anschließend gleichzeitig nach links und nach rechts geschweißt.	—	0	18,7
11.7.38	2	15^{40}—16^{09}	Im Mittelfeld des Trägers mit Schweißen begonnen. Eine Elektrode nach links, dann gleichzeitig nach links und nach rechts geschweißt.	—	+5,0	19,2
11.7.38	3	16^{26}—16^{57}	Im Mittelfeld des Trägers mit Schweißen begonnen. Eine Elektrode nach rechts, dann gleichzeitig nach links und nach rechts geschweißt.	—	0	19,3
11.7.38	4	17^{30}—17^{52}	Im Mittelfeld des Trägers mit Schweißen begonnen. Eine Elektrode nach rechts, dann gleichzeitig nach links und nach rechts geschweißt.	—	0	19,6
12.7.38	5	9^{57}—10^{21}	Nach Auskreuzung der Wurzel der Halsnaht auf der hinteren Seite im Mittelfeld des Trägers mit Schweißen begonnen. Zuerst eine Elektrode abgeschmolzen, dann gleichzeitig nach links und nach rechts geschweißt. In der Schweißnaht keine Risse gefunden.	—	—2,5	17,2
12.7.38	6	10^{25}—10^{42}	Eine Elektrode abgeschmolzen, dann gleichzeitig nach links und nach rechts geschweißt.	—	+5,0	17,9
12.7.38	7	10^{50}—11^{10}	Im Mittelfeld des Trägers mit Schweißen begonnen. Eine Elektrode abgeschmolzen, dann gleichzeitig nach links und nach rechts geschweißt.	—	+2,5	17,9
12.7.38	8	11^{31}—11^{57}	Im Mittelfeld des Trägers mit Schweißen begonnen. Eine Elektrode nach links; dann gleichzeitig nach links und nach rechts geschweißt.	0,218	0	17,6
12.7.38	9	15^{10}—15^{27}	Der Versuchsträger wurde vor dem Schweißen der Lage 9 (3. am Zuggurt vorn) um 180° gedreht. Im Mittelfeld des Trägers mit Schweißen begonnen. Eine Elektrode nach rechts, dann gleichzeitig nach rechts und nach links geschweißt.	—	0	20,0
12.7.38	10	15^{30}—15^{49}	Wie bei Schweißlage 3	—	—	20,0
12.7.38	11	15^{59}—16^{25}	Im Mittelfeld des Trägers mit Schweißen begonnen. Eine Elektrode nach links; dann gleichzeitig nach links und nach rechts geschweißt.	0,261	—	19,9
12.7.38	12	16^{51}—17^{12}	Eine Elektrode von der Mitte des Trägers nach links abgeschmolzen; dann gleichzeitig nach links und nach rechts geschweißt.	—	0	19,5
12.7.38	13	19^{42}—20^{02}	Der Versuchsträger wurde vor dem Schweißen der Lage 13 (3. am Zuggurt hinten) um 180° gedreht. Eine Elektrode vom Mittelfeld des Trägers nach links abgeschmolzen, dann etwa gleichzeitig nach links und nach rechts geschweißt.	—	—3,75	16,4
12.7.38	14	20^{06}—20^{21}	Von der Mitte des Trägers zwei Elektroden nach links abgeschmolzen, dann gleichzeitig nach links und nach rechts geschweißt.	—	—	16,4
12.7.38	15	20^{21}—20^{52}	Etwa wie bei Lage 14	0,286	+1,25	—
12.7.38	16	21^{29}—22^{13}	Eine Elektrode im Mittelfeld des Trägers abgeschmolzen, dann gewartet bis Zuggurt wieder auf 0° abgekühlt; dann anschließend nach links und nach rechts geschweißt.	—	+1,25	16,0

[1] Träger wurde mit Eiskühlung geschweißt.

meist von 0 bis 2° C. Man wollte damit erreichen, daß das Schweißgut so rasch und so tief abgekühlt wurde, als es denkbar ist, wenn in der kalten Jahreszeit an großen Trägern geschweißt wird.

Zusammenstellung 5 enthält als Beispiel die Feststellungen über die Vorgänge beim Schweißen des Trägers 2.

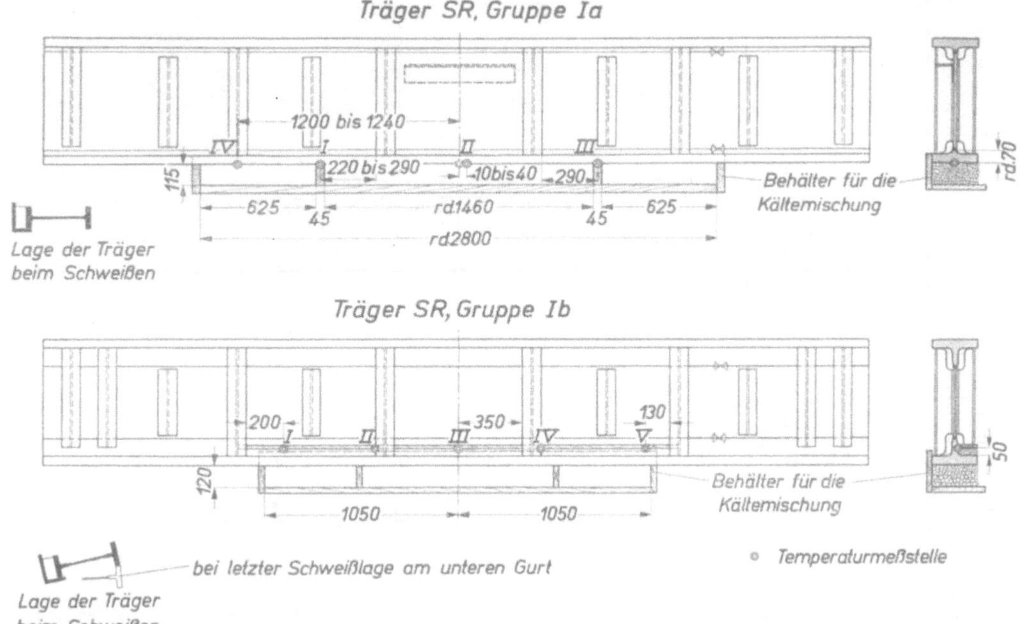

Abb. 7. Kühleinrichtung für den Zuggurt, oben bei einem Träger nach Abb. 3, unten bei einem Träger nach Abb. 66.

d) Anstrengungen in den Aussteifungen der Träger 1, 2 und 4 nach Abb. 3 bis 5, hervorgerufen durch das Schweißen.

Auf den Außenflächen der Aussteifungen 1 bis 8 der Träger 1, 2 und 4 sind in mittlerer Höhe auf 200 mm Länge die Formänderungen gemessen worden, welche beim Schweißen der Träger entstanden. Die Messung erfolgte zuerst vor dem Anschweißen der Versteifungen, dann nach dem Anschweißen derselben an das Stegblech, ferner nach dem Aufpressen der Gurte auf die Aussteifungen, schließlich nach der Herstellung der Halsnähte. Aus den Längenänderungen sind die Anstrengungen unter der Annahme berechnet worden, daß es sich nur um federnde Formänderungen handelt. Zusammenstellung 6 enthält die Ergebnisse; es sind die Anstrengungen angegeben, die gegenüber der ersten Messung auftraten.

Aus der Zusammenstellung 6 ist folgendes zu entnehmen. Durch das Anschweißen der Aussteifungen entstanden nur kleine Anstrengungen an der äußeren Fläche der Stegblechaussteifungen (im Mittel 1 kg/mm²). Beim Zusammenschrauben der Träger 1 und 2 wurden Druckanstrengungen bis 6,7 kg/mm², im Mittel von 4,5 kg/mm² gemessen. Nach dem Schließen der Halsnähte betrugen die Pressungen an den Außenflächen der Stegblechaussteifungen der Träger 1 und 2 bis 34,9 kg/mm², im Mittel 28,0 kg/mm². Es waren also hohe Anstrengungen in den Aussteifungen der Träger 1 und 2 entstanden. In den Aussteifungen des Trägers 4 mit Beiplättchen nach Abb. 5 blieben die Anstrengungen unerheblich, wie zu erwarten stand.

e) Formänderungen der Gurte der Träger 1, 2 und 4 nach Abb. 3 bis 5, hervorgerufen durch das Schweißen.

Die Verformung der Gurte der Träger 1, 2 und 4 wurde durch Messungen vor und nach dem Schweißen bestimmt. Abb. 8 zeigt die zugehörigen Meßtische auf dem Druckgurt des Trägers 1. Ein langer Meßtisch lag hiernach nahe den Balkenenden auf. Er diente zur

Zusammenstellung 6.

Träger der Gruppe Ia, Bauart nach Abb. 3 und 5.

Spannungen, die in den Stegblechaussteifungen aus IP 10 beim Schweißen entstanden sind, berechnet aus den Längen-änderungen der 200 mm langen Meßstrecken in der Mitte der Außenflächen der Aussteifungen.

1	2	3	4	5	6	7	8	9	10	11	12	13	14	15
			Gemessene Spannungen in den Aussteifungen											
Reihe	Be-zeichnung der Versuchs-träger	Be-zeichnung der Aus-steifungen	nach dem Festschweißen der Aussteifungen auf dem Stegblech				nach dem Zusammenschrauben der Träger[1]				nach dem Schweißen der Gurtnähte und Fertigstellen der Träger			
			Einzelwerte	Mittelwerte			Einzelwerte	Mittelwerte			Einzelwerte	Mittelwerte		
			kg/mm²	kg/mm²	kg/mm²	kg/mm²	kg/mm²	kg/mm²	kg/mm²	kg/mm²	kg/mm²	kg/mm²	kg/mm²	kg/mm²
Ia 1 (mit ein-gepreßten Aus-steifungen)	1	1					—6,7	—5,4	—3,3	—4,5	—34,9	—30,2	—28,9	—29,4
		2					—4,2				—25,5			
		3					—4,8	—3,0			—31,9	—29,3		
		4					—1,2				—26,8			
		5					—5,4	—3,7			—30,7	—28,6		
		6					—2,0				—26,5			
		7					—6,1	—5,7			—32,5	—29,3		
		8					—5,4				—26,1			
	2	1	—1,5	—0,8	—0,8	—1,1	—6,5	—5,0	—4,4	—4,6	—30,0	—26,5	—27,4	—26,7
		2	—0,2				—3,6				—23,0			
		3	—1,8	—1,1			—5,6	—4,3			—29,3	—27,4		
		4	—0,4				—3,1				—25,5			
		5	—0,9	—0,4			—4,8	—4,4			—28,1	—27,3		
		6	0				—4,1				—26,5			
		7	—2,5	—2,0			—5,8	—4,4			—29,0	—25,5		
		8	—1,5				—3,1				—22,0			
Ia 2 (mit Bei-plättchen)	4	1	—2,9	—1,8	—0,6	—0,9	—3,1	—2,0	—1,0	—1,1	—3,1	—2,9	—1,2	—1,6[2]
		2	—0,8				—0,8				—2,7			
		3	—1,0	—0,4			—1,0	—0,5			—1,0	—0,5		
		4	+0,2				0				0			
		5	—1,7	—0,7			—1,7	—1,5			—3,1	—1,9		
		6	+0,2				—1,3				—0,7			
		7	—1,0	—0,6			—0,8	—0,4			—1,7	—1,2		
		8	—0,2				0				—0,8			

[1] Bei Versuchsträger 4 auch Heften der Gurtnähte.

[2] Die Beiplättchen sind zum Teil mit dem Vorschlaghammer zwischen die Aussteifungen und Gurte hineingetrieben worden.

Bestimmung der Verformungen über die Länge der Gurte, und zwar in der Längsachse (bei m) und an den Rändern (bei v und h). Dazu gehörten die Meßuhren 1 bis 27. Der andere kurze Meßtisch lag quer zu den Gurten zur Ermittlung der Querbiegung der Gurte über den Stegblechaussteifungen bei den Meßstellen 8 bis 10 und 18 bis 20; die Meßstellen sind im Grundriß des Trägers bei q, q in je 3 Querlinien erkenntlich; dazu gehörten die 3 Meßuhren, welche über dem Querschnitt des Trägers gezeichnet sind.

Die Ergebnisse der Messungen am Träger 1 sind in Abb. 8 dargestellt. Die oben gezeichneten Linienzüge gelten für den oberen Gurt, die unten gezeichneten für den unteren Gurt,

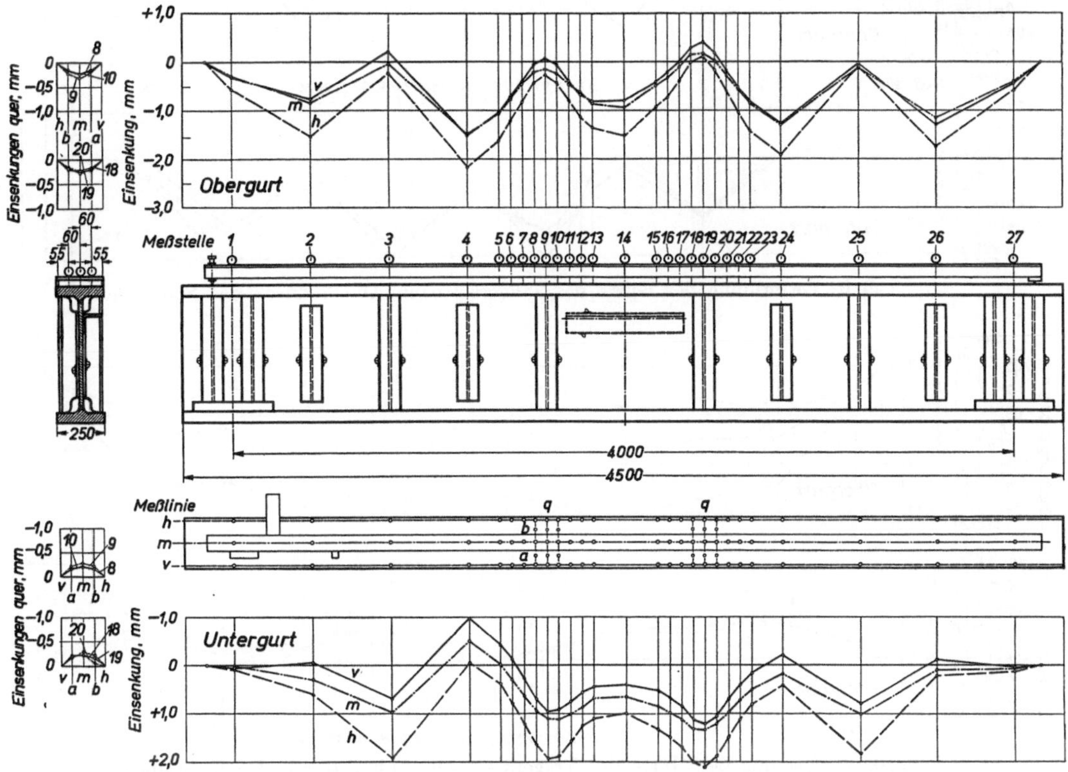

Abb. 8. Verformung der Gurte des Trägers 1 nach Abb. 3 durch das Schweißen.

und zwar jeweils der Linienzug m für die Messungen über der Achse des Gurts, die Linienzüge v und h für die Messungen an den Rändern. Aus dem Verlauf dieser Linienzüge kann folgendes entnommen werden.

Zunächst zeigt der obere Linienzug m, daß die Meßstellen 1, 3, 9, 19, 25 und 27 über den schon vor dem Schweißen der Halsnaht anliegenden Aussteifungen fast genau auf gleicher Höhe blieben; bei 1, 9, 25 und 27 sind kleine Senkungen, bei 19 ist eine kleine Hebung eingetreten. Die Schrumpfung der Halsnaht ist hiernach an den genannten Stellen weitgehend gehemmt worden. Zwischen den Stellen 1 und 3, 3 und 9 usw. bewirkten die Schrumpfkräfte der Halsnaht Einsenkungen des Druckgurts, und zwar gegenüber den benachbarten Stützpunkten um 0,84 bzw. 1,42 bzw. 0,96 bzw. 1,31 bzw. 1,17 mm, also um verhältnismäßig erhebliche Beträge[1]. Die Linienzüge v und h, in Abb. 8 oben, die für die Plattenränder gelten, verlaufen ähnlich wie der Linienzug m; es entstanden für die beiden Ränder ungleiche Senkungen, weil die Halsnaht nicht symmetrisch eingeschmolzen worden ist, wie aus den Angaben in Abb. 6 hervorgeht. Zu beachten sind hierzu die weitergehenden Messungen über die Querbiegung des Gurts bei 8, 9 und 10, sowie bei 18, 19 und 20, die in Abb. 8 links oben dargestellt sind. Danach

---

[1] Die Anstrengung, welche sich rechnerisch ergibt, wenn von der Verformung der Platte von 50 mm Dicke bei den mittleren eingeklemmten Stegblechaussteifungen ausgegangen wird, liegt bei der Fließgrenze des Stahls.

wurde die Gurtplatte quer so verformt, daß eine Einsenkung entstand; die Ränder blieben höher als die Mitte. Diese Verformung war möglich, weil die Aussteifungen nahe der Halsnaht ausgespart waren, wie der Trägerquerschnitt in Abb. 8 zeigt.

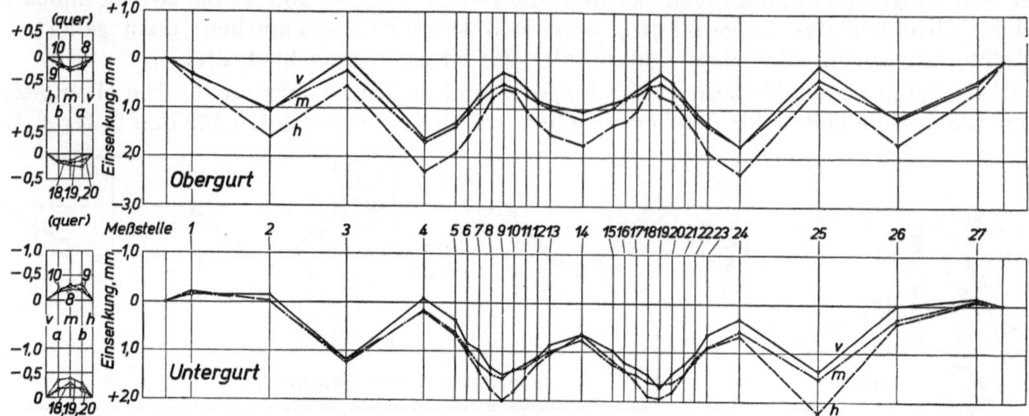

Abb. 9. Verformung der Gurte des Trägers 2 nach Abb. 3 durch das Schweißen.

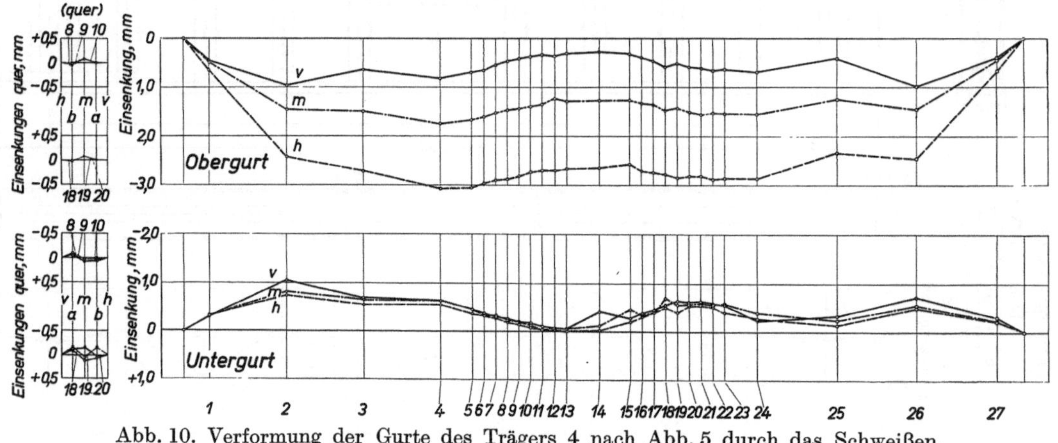

Abb. 10. Verformung der Gurte des Trägers 4 nach Abb. 5 durch das Schweißen.

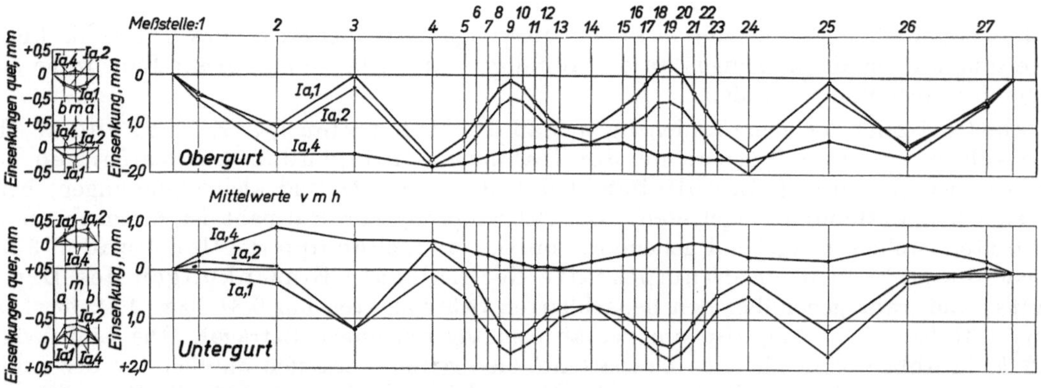

Abb. 11. Vergleich der Verformung der Gurte der Träger 1, 2 und 4. Vgl. dazu Abb. 8 bis 10.

Die Schrumpfkräfte der Halsnähte riefen deshalb Biegemomente quer zur Gurtplatte hervor, die zu den angegebenen Verformungen führten[1].

---

[1] Die Nachrechnung ergab, daß die gemessenen Querbiegungen der Platte nur möglich waren, wenn die Beanspruchung des Stahls an der freien Breitseite der Platte 20 kg/mm² und darüber betrug.

Die Formänderungen der Gurtplatte in der Zugzone des Trägers, in Abb. 8 unten ersichtlich, zeigen zwischen den Meßstellen 3 und 25 ein ähnliches Bild wie in der Druckzone. Gegen die Enden hin ist der Verlauf abweichend, weil die Beiplatten über den Auflagern des Trägers beim Schweißen der Halsnaht fehlten, so daß die Halsnaht hier ohne äußeres Hindernis schrumpfen konnte.

Abb. 9 enthält Feststellungen am Träger 2. Die Linienzüge verliefen im wesentlichen ähnlich wie in Abb. 8; die Größe der Verformungen liegt in dem Bereich der Abb. 8.

In Abb. 10 und 11 sind die Formänderungen der Gurte dargestellt, die beim Schweißen des Trägers 4 entstanden. Bei diesem Träger blieben die Gurte im mittleren Teil — abgesehen von den Heftstellen — ohne Hinderung durch die Versteifungen des Stegblechs; der obere Gurt lag an den Balkenenden gemäß Abb. 5 auf den Aussteifungen. Dementsprechend verlaufen die Linienzüge. Wir sehen im mittleren Teil des oberen Gurts erhebliche, etwas verschiedene Senkungen gegenüber den an der Senkung gehinderten Ende. Am unteren Gurt traten weit kleinere Änderungen auf; hier lagen die Hindernisse beim Schrumpfen der Halsnaht nur in den inneren Ungleichheiten, welche die Schweißfolge und die sonst entstehenden Unterschiede des Querschnitts

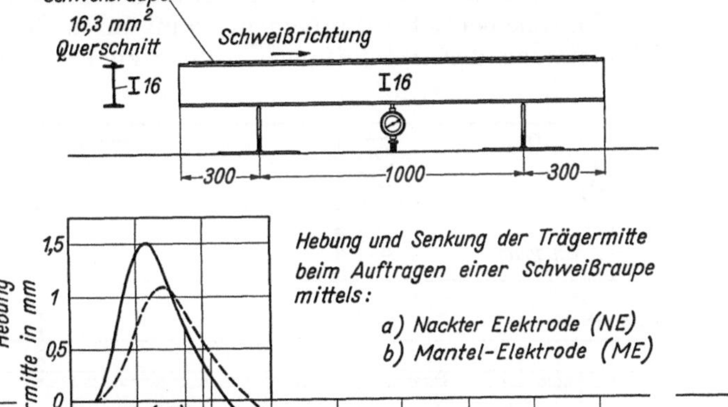

Abb. 12. Zeitlicher Verlauf der Verformung eines Trägers beim Aufschweißen einer Raupe.

Das Aufbringen der Schweißraupe führte zu einer bleibenden Verformung des Stabes (Verschiebung nach Linie „a").

Grund:

1. Beim Schweißen: Stauchung des Werkstoffes durch ungleichmäßige Wärmedehnung im unmittelbar benachbarten Gebiet der Raupe.

Folge: Krümmung des Stabes von der Schweißraupe weg.

2. Bei der Abkühlung: Schrumpfen der stark erhitzten, gestauchten Zone.

Folge: Krümmung des Stabes zur Schweißraupe hin. (Drehung der Querschnittsebenen um den Winkel γ, Nullinie verschiebt sich nach außen, wie bei Biegung mit Axialkraft).

3. Infolge nicht gleichmäßiger Schrumpfung und der Ebenheit der Querschnitte bleiben Eigenspannungen im Werkstück. (Spannungen aus den Verformungsdifferenzen zwischen den Linienzügen „a" und „b". Summe der Eigenspannungen und ihrer Momente gleich Null.)

Folge: Bei Lösung der Starrheit des Querschnitts durch Aufteilen Verformungen nach Linie „b" (Rückfederungsmessung).

Linie „a": Längenänderungen auf dem Flachstab durch das Aufbringen der Schweißraupe.

Linie „b": Längenänderungen der Streifen nach dem Zerteilen des Flachstabes.

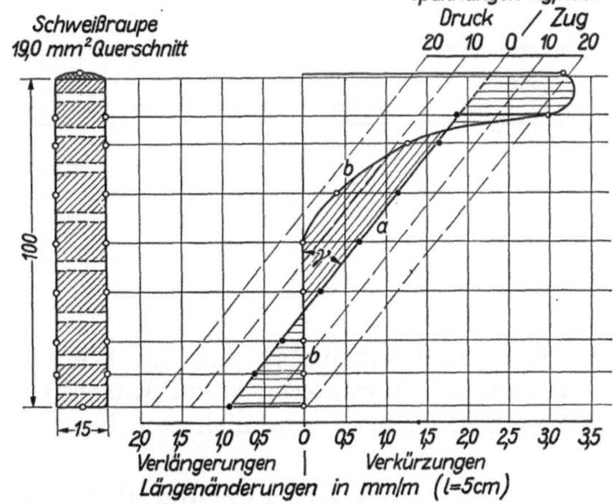

Abb. 13. Formänderungen und Eigenspannungen eines Flachstahls (St 37) nach dem Auftragen einer Schweißraupe auf eine Schmalseite.

der Schweißlagen im Träger brachten. Es sei dabei an die in Abb. 12 und 13 dargestellten Messungen von Malisius erinnert[1], welche die Verformung von Trägern durch das Aufschweißen bestimmter Querschnitte rechnerisch verfolgen lassen.

Die Durchbiegungen der Gurtplatten des Trägers 4 blieben quer zur Längsrichtung unerheblich, wie die Darstellungen in Abb. 10 und 11 links angeben.

---

[2] Malisius, Diss. Stuttgart 1939. Vgl. Mitt. Forsch.-Anst. Gutehoffnungshütte-Konzern, Bd. 8 (1940) S. 29f.

f) Allgemeines über den Zustand der Träger 1 bis 3 nach Abb. 3 und 4 vor der Prüfung.

Die Mitteilungen unter a) bis e) lassen erkennen, daß die Träger nach Abb. 3 und 4 unter besonders ungünstigen Bedingungen entstanden, zunächst durch Herstellung der Halsnaht der Zugzone bei tiefer Temperatur, dann durch Einklemmen der Stegblechaussteifungen. Das Einklemmen der Aussteifungen führte zu erheblichen Beanspruchungen und Verformungen der Gurte, auch zu hohen Anstrengungen der Halsnaht[1]. Der Vergleich mit den Trägern nach Abb. 5 sollte unter anderem zeigen, ob das Einklemmen der Aussteifungen und die damit hervorgerufenen Vorspannungen die Tragfähigkeit der Träger herabsetzen.

Zur weiteren Beurteilung der Vorspannungen in den Trägern nach Abb. 3 und 4 sind diese an den in Abb. 14 angegebenen Stellen auf dem Zuggurt des Trägers 1 nahe der Balkenmitte, ferner auf der zugehörigen Halsnaht, auch auf dem Stegblech, außerdem auf einer zweifelsfrei unter hohen Drucklasten stehenden Stegblechaussteifung röntgenographisch vom Röntgenlaboratorium der Technischen Hochschule Stuttgart gemessen worden. Die Ergebnisse der Messungen waren folgende:

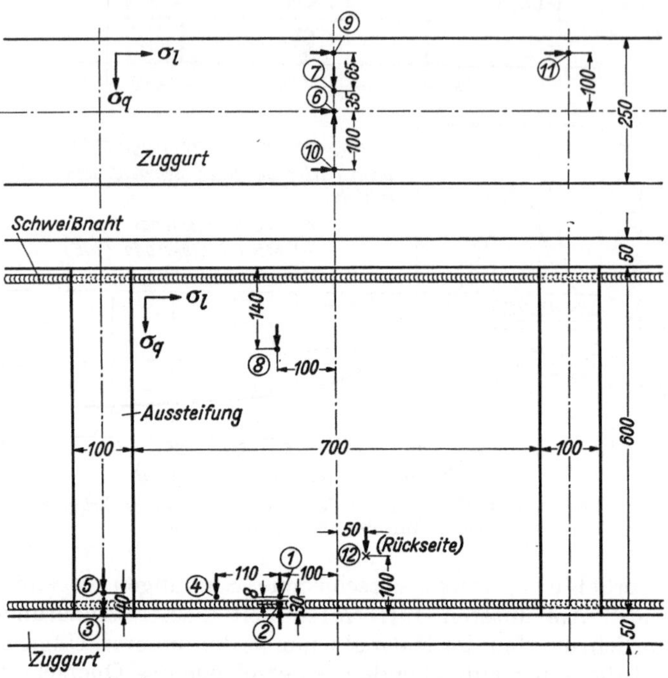

Abb. 14. Meßstellen für die röntgenographische Bestimmung von Spannungen an der Oberfläche des Trägers 1.

Meßstelle	Gemessene Anstrengung in kg/mm²		Meßstelle	Gemessene Anstrengung in kg/mm²	
	quer zum Träger	längs zum Träger		quer zum Träger	längs zum Träger
1	—28		7	—16	
2	—37		8	—34	
3	— 3		9		—30
4	—30		10		—22
5	—38		11		—36
6	— 28	—30	12	—14,5	

Man muß annehmen, daß der Werkstoff vom Walzen und Abkühlen eine Druckhaut mitbrachte. Zu weitergehenden Aufschlüssen hätte der Träger anders zerlegt werden müssen als vorgesehen war, was nicht angängig erschien.

g) Die Prüfung der Träger 1 bis 6 nach Abb. 3 bis 5.

Von den sechs Trägern wurden 4, nämlich die Träger 1 bis 3, sowie der Träger 5 dem Biegeversuch unterworfen. Die Träger 4 und 6 blieben unbelastet.

Die Biegebelastung wurde gemäß Abb. 3 und 5 an 4 Stellen aufgebracht, und zwar über den Aussteifungen 1 bis 8. An den Laststellen waren Platten von 60 bis 70 mm Dicke

---

[1] Vgl. die späteren Angaben über Längsrisse in den Halsnähten. Wenn man überdies annimmt, daß die Anstrengung der Aussteifung für die Hälfte des Querschnitts (IP 10) 25 kg/mm² betrage, so wirkten in jeder der anliegenden Aussteifungen 1 bis 8 33 t. Die Vorlast in den Aussteifungen wird von der Halsnaht aufgenommen; dabei entstehen in der Halsnaht Zugspannungen und Biegespannungen.

Zusammenstellung 7.
Ergebnisse des Biegeversuchs mit dem Träger 2.
Lufttemperatur im Versuchsraum: 21 bis 22° C.

1	2	3	4	5	6
Tag	Uhrzeit	Randspannungen in Trägermitte kg/mm²	Zahl der Lastspiele je Laststufe	Bleibende Einsenkung der Trägermitte mm	Feststellungen am Versuchsträger
17. 8. 38	9^{54}—10^{40}	2,0—15,1	20	—	—
	10^{44}—10^{49}	2,0—18,7	2	—	—
	10^{53}—11^{27}	2,0—22,5	20	—	—
	11^{29}—11^{36}	2,0—26,2	2	—	—
	11^{40}—13^{40}	2,0—30,0	20	—	—
	13^{47}—13^{58}	2,0—33,7	2	—	Walzzunder löst sich an der unteren Fläche des Zuggurts unter den Aussteifungen 3 bis 6. Fließlinien am Stegblech zwischen den äußeren Laststellen und den Auflagern.
	14^{36}—16^{38}	2,0—37,5	20	5	Zunder springt an den Innenflächen des Druckgurts und des Zuggurts im Mittelfeld ab.
18. 8. 38	9^{20}— 9^{57}	2,0—41,2	2	—	Fließlinien am Stegblech im Mittelfeld sowie in den Halbfeldern links und rechts vom Mittelfeld.
	10^{15}—12^{35}	2,0—45,0	20	42	Zunder springt an den oberen Enden der Aussteifungen 1 bis 8 ab. Unten Zunder nicht mehr vorhanden. Risse an Enden der Schweißnähte der Aussteifungen.
	13^{27}	2,0—50,0	2	68	
	14^{30}	53,7		113	Höchstlast. Druckgurt verbiegt sich seitlich.

aufgelegt; die Breite dieser Druckplatten betrug 210 mm. Die Belastung erfolgte stufenweise gemäß den Angaben in Spalte 8 der Zusammenstellung 2. Zusammenstellung 7 enthält ein Beispiel des Versuchsgangs, gültig für den Träger 2.

Der Zuggurt der Träger 1 und 5 war einige Zeit vor Beginn des Biegeversuchs und während desselben mit Kohlensäureeis gekühlt; dabei entstanden im Zuggurt Temperaturen

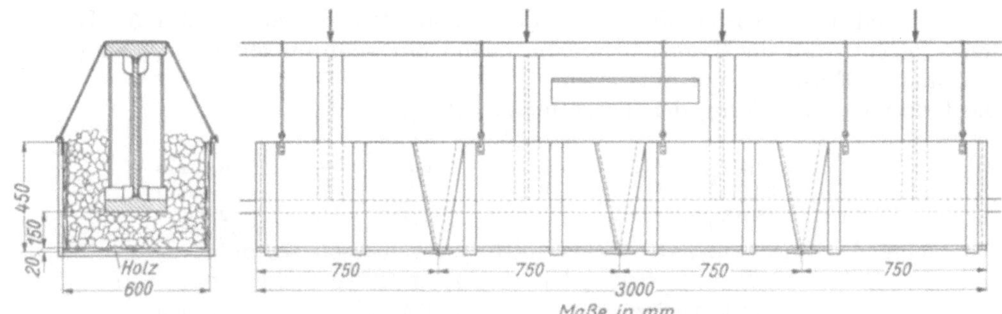

Abb. 15. Einrichtung zum Kühlen des Zuggurts eines Trägers während dem Biegeversuch.

von —13 bis —29°. Die Einrichtung zum Kühlen des Zuggurts ist in Abb. 15 dargestellt; es handelt sich um einen 3 m langen Trog, der mit Kohlensäureeis gefüllt und während des Versuchs zur Hinderung der Wärmeeinstrahlung an den Außenwänden mit Papierwolle ausgelegt, überdies oben mit Papierwolle abgedeckt war.

Beim Biegeversuch der Träger 1, 3 und 5 wurden die Durchbiegungen verfolgt. Ferner sind die Gurte, das Stegblech und die Aussteifungen auf jeder Laststufe nach Strecklinien abgesucht worden[1].

Nach den Biegeversuchen mit den Trägern 1 bis 3 und mit dem Träger 5 sind alle Träger, also auch die nicht auf Biegung geprüften Träger 4 und 6 zerlegt worden, um den Zustand

---

[1] An den Gurten der Zugzone war die Beobachtung von Strecklinien gehindert, weil diese beim Schweißen durch Eis gekühlt waren und weil dabei die Walzhaut verloren ging.

der Schweißnaht nach dem Gefüge, nach der Härte, nach Rissen usw. zu beurteilen. Abb. 16 zeigt dazu, wie die Zerlegung in der Regel vorgenommen worden ist. Die Scheiben UG 1 bis 4 und OG 1 bis 4 dienten zur Betrachtung des Gefüges und zur Bestimmung der Härte an verschiedenen Stellen des Querschnitts der Halsnaht und des benachbarten Werkstoffs, (vgl. S. 25f.). An den 50 bis 200 mm langen Proben UG 5 bis 9 wurde festgestellt, ob die Halsnaht Querrisse aufwies oder nicht (vgl. S. 29f.). Dazu wurde das Innere der Proben durch Abhobeln von rd. 1,5 und 2 mm dicken Schichten beobachtet; jede freigelegte Fläche

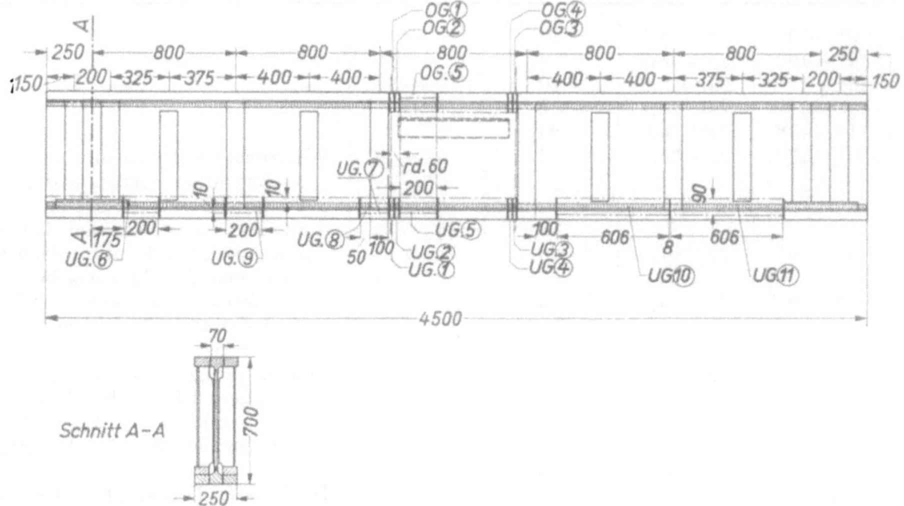

Abb. 16. Entnahmestellen für Proben aus der Zugzone und aus der Druckzone der Träger nach Abb. 3 bis 5[1].

wurde poliert und geätzt, um auch sehr feine kurze Rißchen feststellen zu können. Aus den 606 mm langen Abschnitten UG 10 und UG 11 wurden Proben für Dauerzugversuche hergestellt (vgl. S. 34f.).

h) Einsenkungen der Träger 1, 3 und 5.

Abb. 17 und 18 enthalten die Feststellungen an den Trägern 1 und 5. Hieraus geht zunächst hervor, daß die Träger schon mit den Randspannungen $\sigma_b = 22,5$ kg/mm² deutliche bleibende Einsenkungen aufwiesen.

Die federnde Einsenkung der Trägermitte betrug

	beim Träger 1	3	5
bei $\sigma_b = 22,5$ kg/mm²	6,5	—	6,4 mm
bei $\sigma_b = 30,0$ kg/mm²	7,7	7,6	8,3 mm
bei $\sigma_b = 45,0$ kg/mm²	11,3	11,9	12,0 mm

Die bleibende Einsenkung der Trägermitte ist gemessen worden

	beim Träger 1	3	5
bei $\sigma_b = 22,5$ kg/mm² zu	0,5	—	3,0 mm
bei $\sigma_b = 30,0$ kg/mm² zu	1,3	2,0	5,3 mm
bei $\sigma_b = 45,0$ kg/mm² zu	44,4	40,8	32,4 mm
bei $\sigma_b = 50,0$ kg/mm² zu	74,3	74,1	(64,2) mm

Hieraus ergibt sich unter anderem, daß die bleibenden Einsenkungen mit der rechnerischen Randspannung $\sigma = 45,0$ kg/mm² sehr groß geworden sind. Die Träger wurden unter höheren Lasten bedeutend verformt (vgl. später unter k).

i) Strecklinien, die beim Biegeversuch beobachtet wurden.

Wenn auf einem Bauelement irgendwo Strecklinien erscheinen, so weiß man, daß an der betreffenden Stelle unter den Umständen, die beim Auftreten der Strecklinien herrschten, die Streckgrenze des Stahls überschritten worden ist. Außerdem ist aus dem Verlauf der

---

[1] Länge der Proben OG 1 bis OG 4 und UG 1 bis UG 4: rd. 15 mm. Abb. 16 gilt sinngemäß auch für die Träger nach Abb. 66 und 67.

Strecklinien auf die Richtung der maßgebenden Anstrengung zu schließen, weil die Strecklinien unter rd. 45° zur zugehörigen Zugspannung erscheinen.

Zusammenstellung 8 gibt über die Belastungen Auskunft, unter denen auf dem Stegblech, auf den Aussteifungen und auf den Gurten der Träger Strecklinien erschienen. Außer-

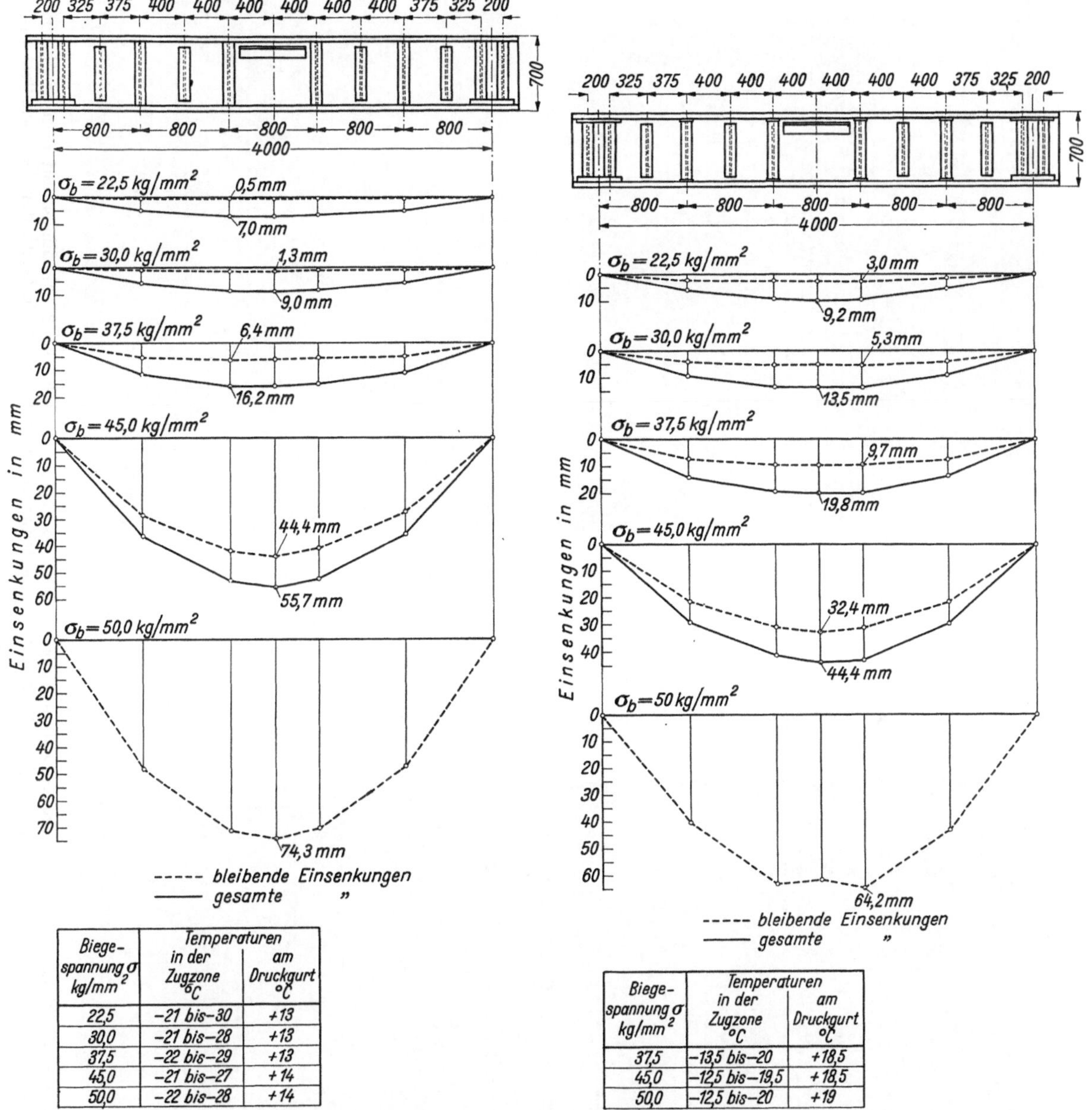

Biegespannung σ kg/mm²	Temperaturen	
	in der Zugzone °C	am Druckgurt °C
22,5	−21 bis −30	+13
30,0	−21 bis −28	+13
37,5	−22 bis −29	+13
45,0	−21 bis −27	+14
50,0	−22 bis −28	+14

Abb. 17. Einsenkungen des Trägers 1 nach Abb. 3 beim Biegeversuch.

Biegespannung σ kg/mm²	Temperaturen	
	in der Zugzone °C	am Druckgurt °C
37,5	−13,5 bis −20	+18,5
45,0	−12,5 bis −19,5	+18,5
50,0	−12,5 bis −20	+19

Abb. 18. Einsenkungen des Trägers 5 nach Abb. 5 beim Biegeversuch.

dem finden sich dort Angaben über die rechnerischen Anstrengungen auf den Außenflächen der Gurte.

Abb. 19 bis 23 zeigen den Verlauf der Strecklinien auf dem Stegblech der Träger 1 und 2. Meist lagen die Strecklinien waagerecht; stellenweise erschienen auch noch senkrecht laufende Strecklinien (vgl. unter anderem Abb. 19 und 20). Über die Bedeutung der Feststellungen an den Stegblechen wird später berichtet.

Abb. 20. Träger 2 nach Abb. 3. Fließlinien auf dem Stegblech zwischen den Aussteifungen 1 und E, Abb. 3. Zustand unter der Höchstlast $P_{max} = 791\,000$ kg.

Abb. 19. Träger 2 nach Abb. 3. Fließlinien auf dem Stegblech zwischen den Aussteifungen L und 7, Abb. 3. Zustand unter der Höchstlast $P_{max} = 791\,000$ kg.

Abb. 22. Träger 1 nach Abb. 3. Fließlinien auf dem Stegblech zwischen den Aussteifungen J und 5, Abb. 3. Zustand unter der Höchstlast $P_{max} = 747000$ kg.

Abb. 21. Träger 2 nach Abb. 3. Stegblech zwischen den Aussteifungen E und C, Abb. 3. Zustand unter der Höchstlast $P_{max} = 791000$ kg.

Zusammenstellung 8.

Auszug aus den Feststellungen bei den Biegeversuchen mit den Versuchsträgern der Gruppe I (Versuchsträger aus St 52 von Peine).
Über die Prüfung der Versuchsträger vgl. Zusammenstellung 2, Spalte 8.

1	2	3	4	5	6	7	8	9	10	11	12	13	14	15	16	17
Untergruppe, Gurtform, Hersteller	Reihe	Bauart der Versuchsträger	Besondere Merkmale der Versuchsträger	Bezeichnung der Versuchsträger	Kühlung der Gurte der Versuchsträger beim Schweißen der Halsnähte	Belastung P, unter der Strecklinien[1] auf dem Stegblech erstmals deutlich erkennbar waren — in den Feldern bei den Auflagern und den Aussteifungen 1, 2 bzw. 7, 8 / t	in den zweiten Feldern zwischen den Aussteifungen 1, 2 und 3, 4 bzw. 5, 6 und 7, 8 / t	im mittleren Feld zwischen den Aussteifungen 3, 4 und 5, 6 / t	Belastung P, unter der Strecklinien[1] auf den senkrechten Stegblechaussteifungen erschienen — auf den Aussteifungen 1, 2, 7, 8 / t	auf den Aussteifungen 3 bis 6 / t	Belastung P und Randspannung σ_b, unter dem Strecklinien auf dem ... beobachtet wurden — Zuggurt P / t	Zuggurt σ_b / kg/mm²	Druckgurt P / t	Druckgurt σ_b / kg/mm²	Temperatur der Trägergurte beim Biegeversuch — Zuggurt / °C	Druckgurt / °C
Ia; Wulstflachstähle; Dörnen, Dortmund-Derne	1	Abb. 3	Aussteifungen aus IP 10 eingeklemmt	1	Zuggurt mit dünnem Wasserstrahl bespritzt, Halsnaht nach der ersten Schweißlage von unten mit Preßluft angeblasen (von MPA überwacht)	448,0	746,7	560,0	448,0	448,0	(746,7)	(50,0)	560,0	37,5	—18 bis —30[2]	+12 bis +14[3]
	1	Abb. 3	Aussteifungen aus IP 10 eingeklemmt	2	Zuggurt mit Eis und Salz gekühlt (von MPA überwacht)	496,8	607,2	607,2	662,4	662,4	607,2	41,2	607,2	41,2	+21 bis +22[4]	
	1a	Abb. 4	Aussteifungen 1 bis 8 aus IP 10 mit Flachstählen verstärkt und eingeklemmt	3	Zuggurt mit Eis und Salz gekühlt (gemäß Angabe)	560,3	674,0	674,0	—	—	674,0	45,0	—	—	+16 bis +24[4]	
	2	Abb. 5	Aussteifungen aus IP 10 nicht eingeklemmt, mit 20 mm dicken Beiplatten	5	Zuggurt mit Eis und Salz gekühlt (gemäß Angabe)	(560,0)[5] 558,1	—	—	—	—	—	—	—	—	—13 bis —23[2]	+16 bis +19[3]
Ib; Peiner Sonderstegprofile; Maschinenfabrik Eßlingen	1	Abb. 66	Aussteifungen aus IP 10 eingeklemmt	7	Zuggurt mit Eis und Salz gekühlt (von MPA überwacht)	455,5[6]	—	—	—	—	—	—	455,5[6]	30,0[6]	+17 bis +19[6,4] —8 bis —25[7,2]	+15 bis +16[6,3]
	1a	Abb. 67	Aussteifungen aus IP 10 eingeklemmt; eingeklemmte Aussteifungen mit Flachstählen verstärkt; Stegbleche im Mittelfeld zwei senkrechte Stumpfnähte	8	Zuggurt mit Eis und Salz gekühlt (gemäß Angabe)	556,0	556,0	556,0	—	—	444,8	30,0	444,8	30,0	+14 bis +17[4]	
	1a	Abb. 67		9		617,9	617,9	617,9	—	—	393,2	26,2	280,8	18,7	+21 bis +25[4]	

[1] Deutliches Zunderabspringen.   [2] In Trägermitte und bei den Aussteifungen 3, 4 und 5, 6 gemessen.   [3] In Trägermitte gemessen.   [4] Lufttemperatur während des Biegeversuchs.   [5] Beim Vorbiegen des Versuchsträgers.   [6] Während des Biegeversuchs ohne Eiskühlung des Untergurtes festgestellt.   [7] Während des Biegeversuchs mit Eiskühlung des Untergurtes festgestellt.

Auf den Enden der Aussteifungen der Träger 1 bis 3 waren schon beim Schweißen der Halsnähte Strecklinien aufgetreten, weil die Aussteifungen dieser Träger beim Schrumpfen der Halsnähte bedeutende Drucklasten aufnehmen mußten.

Im Zuggurt der Träger 2 und 3 wurden die Strecklinien bzw. das Zunderabspringen beobachtet, als die rechnerischen Randspannungen

$$\sigma_b = 41{,}2 \ \text{und} \ 45 \ \text{kg/mm}^2$$

betrugen. Zum Vergleich sei aus Zusammenstellung 3 entnommen, daß der Stahl am Rand der Gurte eine Streckgrenze von 35,2 kg/mm² besaß; im Kern hatte er eine Streckgrenze von 31,2 kg/mm².

Abb. 23. Träger 1 nach Abb. 3. Loser Zunder auf dem Stegblech im Mittelfeld zwischen den Aussteifungen 5 und 3, Abb. 3. Zustand unter der Höchstlast $P_{\max} = 747\,000$ kg.

k) Allgemeines über das Verhalten der Balken am Schluß des Biegeversuchs. Höchstlasten der Balken.

Die Balken 1 und 2 mit eingespannten Aussteifungen wurden gemäß den Angaben in Zusammenstellung 2, Spalte 8, stufenweise belastet; die Laststufen von rd. 15, 22,5, 30, 37,5 und 45 kg/mm² wurden je 20mal wiederholt. Dann wurde beim Träger 2 die Last ermittelt, die überhaupt aufgebracht werden konnte; beim Träger 1 wurde der Versuch bei erheblicher Verformung beendigt. Die rechnerische Randspannung unter der Höchstlast betrug

$$\begin{array}{ccc} \text{beim Träger} & 1 & 2 \\ \sigma_b = & 50{,}0 & 53{,}7 \ \text{kg/mm}^2, \end{array}$$

sie lag also weit über der Fließgrenze des Werkstoffs der Gurte. Eine Zerstörung der Träger trat nicht ein, sondern nur eine weitgehende Verformung und ein seitliches Ausweichen des Druckgurts, vgl. Abb. 24 und 25.

Diese Sachlage gab Veranlassung, beim Träger 3 die Laststufen mit $\sigma_b = 30$, 33,7 und 37,5 kg/mm² 500mal zu wiederholen. Auch der Träger 3 brach nicht; seine Tragfähigkeit war nur durch die Verformung begrenzt. Die Randspannung unter der höchsten Last betrug 50 kg/mm², war also wieder sehr hoch.

Um noch andere Umstände der Praxis zu beachten, ist der Träger 5 zunächst um 6,5 mm nach oben, also entgegen der Richtung beim späteren Versuch, bleibend

Abb. 24. Zustand des Trägers 2 nach dem Biegeversuch.

gebogen worden. Dann folgte die Prüfung wie beim Träger 1, auch diesmal bei Kühlung des Zuggurts. Auch der Träger 5 brach nicht; maßgebend war die Verformung des Trägers. Die rechnerische Höchstspannung des Zuggurts war 50 kg/mm².

Abb. 25. Zustand des Trägers 3 nach dem Biegeversuch.

Durch die Versuche mit den Trägern 1, 2, 3 und 5 war nun festgestellt:

α) *Die Träger 1, 2 und 3 mit eingeklemmten Aussteifungen und mit dadurch gemäß Abb. 8 bis 11 verformten Gurten erreichten die Grenze ihrer Tragfähigkeit durch weitgehende Verformung, nicht durch einen Bruch des Zuggurts. Keinerlei Risse sind äußerlich erkennbar gewesen.*

β) *Auch durch Kühlung des Zuggurts auf tiefe Temperaturen beim Schweißen (auf rd. −4 bis +3° C) und beim Biegeversuch (auf rd. −13 bis −30° C) sowie durch erhebliche bleibende Verbiegung vor dem Biegeversuch, auch durch 500malige Wiederholung der Laststufen $\sigma_b = 30$, 33,7 und 37,5 kg/mm² war kein Bruch eingetreten.*

γ) *Die rechnerischen Randspannungen unter den Höchstlasten der Träger betrugen 50,0 bis 53,7 kg/mm².*

Hieraus ist zunächst geschlossen worden, daß mit dem zu den Versuchen verwendeten Stahl selbst unter ungünstigen Umständen Träger entstanden, die eine hohe Tragfähigkeit besaßen und nicht brachen. Die besonders eingebrachten Eigenspannungen und Aufhärtungen (durch Einklemmen der Aussteifungen, durch Aufbringen der Schweißlagen der Halsnaht auf den abgekühlten Gurt) haben die Tragfähigkeit der Träger mit dem gewählten strengen Prüfgang nicht beeinträchtigt.

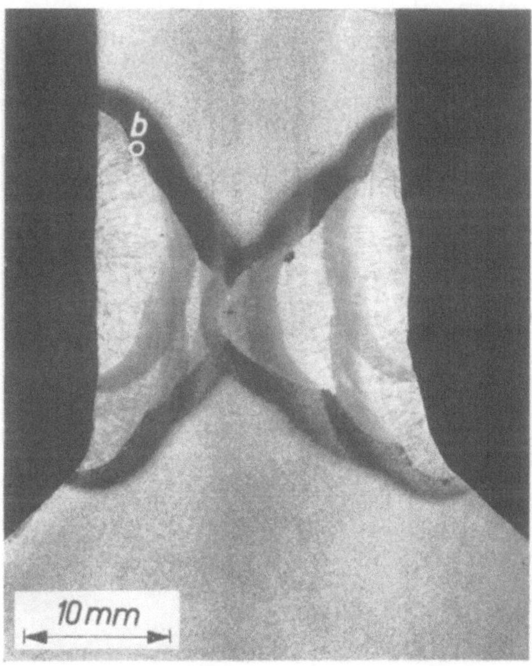

Abb. 26. Querschnitt durch die Halsnaht der Zugzone des Trägers 1.

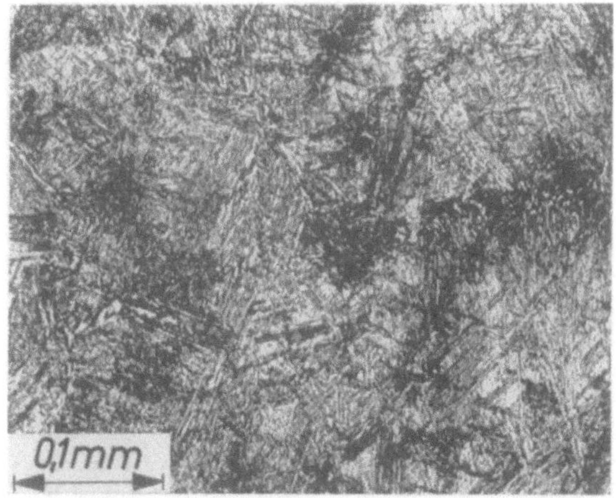

Abb. 27. Gefüge im Übergang von der Halsnaht zum Steg der Zugzone des Trägers 1; Stelle *b* in Abb. 26.

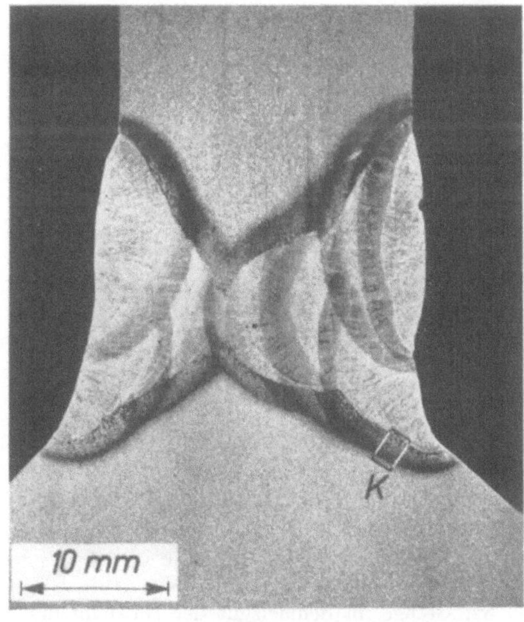

Abb. 28a. Querschnitt durch die Halsnaht der Zugzone des Trägers 2.

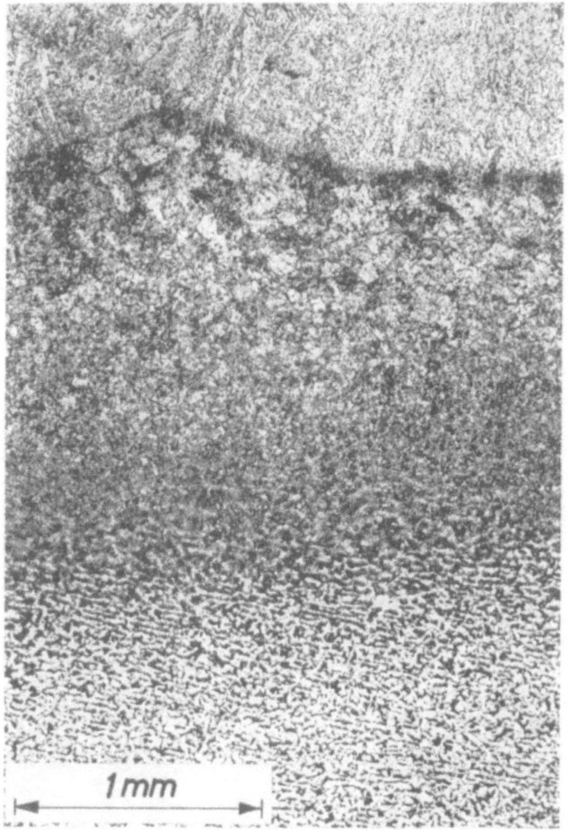

Abb. 28b. Gefüge bei *K* in Abb. 28a.

1) Gefüge im Querschnitt der Halsnähte. Härte des Schweißguts.

Bei den Erörterungen über die Ursachen des Bruchs gemäß Abb. 1 und 2 wurde von mehreren Seiten bemerkt, daß dabei die Härte des Schweißguts wesentlich beteiligt sei.

Bei dem Verschweißen dicker Gurte werde die Härte besonders hoch. Der Stahl in besonders harten Zonen sei für die Verhältnisse in geschweißten Brücken nicht ausreichend formbar; man müsse sorgen, daß die Härte ein gewisses Maß nicht übersteige.

Um zu erfahren, ob diese Auffassungen unmittelbar zutreffend sind, wurden die später unter 8 besprochenen Versuche ausgeführt; vorher ist dazu das Gefüge der Versuchsträger 1 bis 6 bestimmt worden.

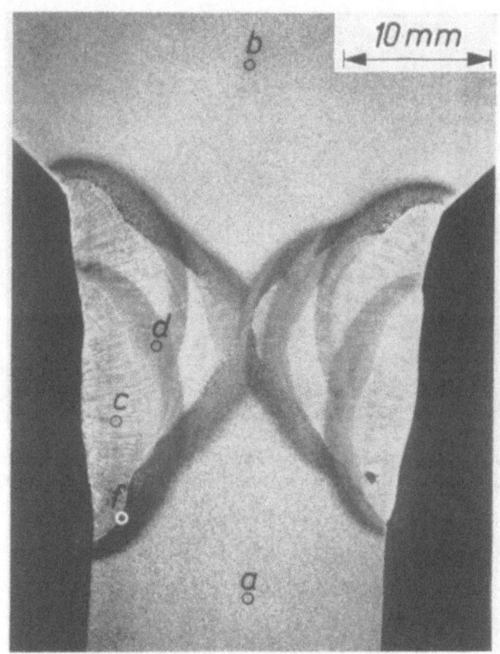

Abb. 29. Querschnitt durch die Halsnaht der Druckzone des Trägers 2.

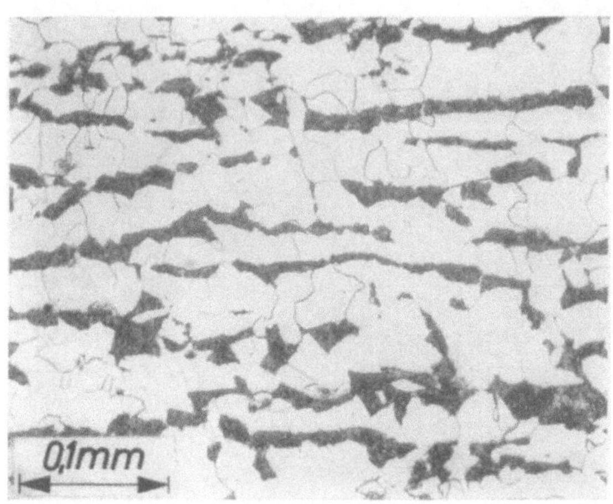

Abb. 30. Gefüge des Druckgurts des Trägers 2, in Abb. 29 bei *b*.

Abb. 26 zeigt einen kennzeichnenden Schnitt durch die Halsnaht der Zugzone des Trägers 1. Man sieht zunächst, daß die Naht rechts einen anderen Querschnitt hat als links; dieser Unterschied ist zum Teil durch das Auskreuzen der Wurzel der Lage 1 ent-

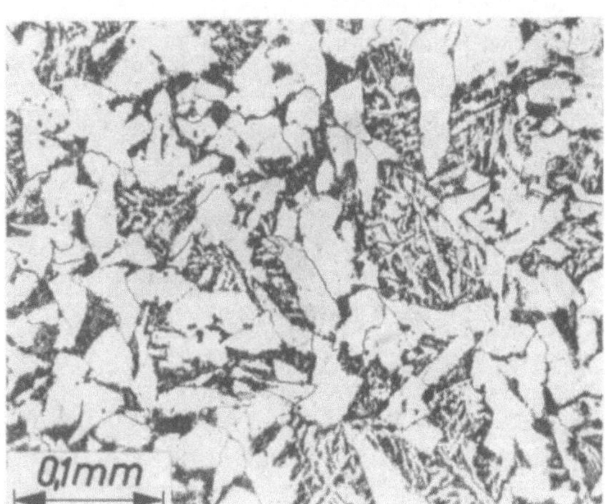

Abb. 31. Gefüge des Werkstoffs im Stegblech des Trägers 2, in Abb. 29 bei *a*.

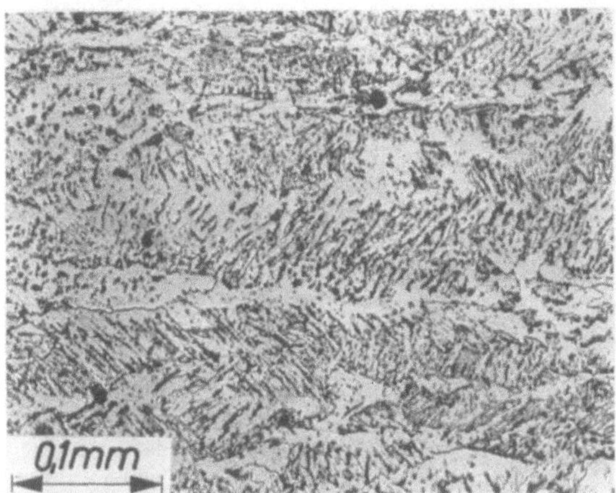

Abb. 32. Gefüge im Schmelzgut der Halsnaht des Druckgurts des Trägers 2, in Abb. 29 bei *c*.

standen. Rechts enthält das Schweißgut eine grobe Pore beim Übergang von 2 Schweißlagen. Bei Betrachtung des Gefüges mit weitergehender Vergrößerung wurden im Übergang von der Schweißnaht zum Grundwerkstoff Martensitnester, also sehr harte Stellen gefunden; Abb. 27 zeigt den Zustand bei *b* in Abb. 26. Mit dem Kugelrollhärteprüfer nach Hauttmann (Kugeldurchmesser 1,59 mm, Belastung 15 kg, Schlittengeschwindigkeit 0,25 mm/sec) fand sich die **Kugeldruckhärte** im Übergang der Halsnaht zum Gurt bis zu 335 kg/mm²,

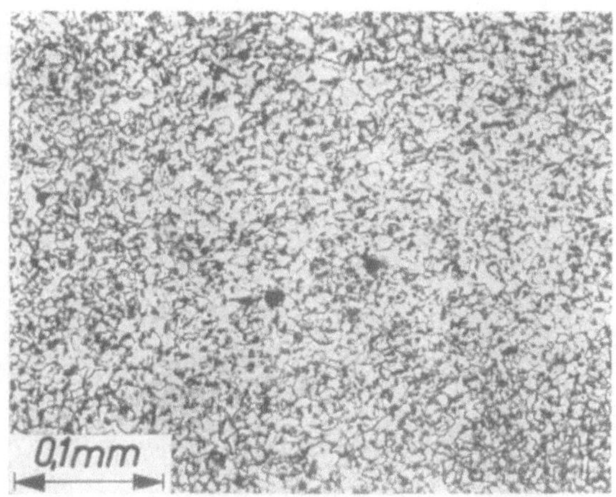

Abb. 33. Gefüge im Schmelzgut der Halsnaht des Druckgurts des Trägers 2, im Übergang von einer äußeren zu einer inneren Schmelzlage, in Abb. 29 bei *d*.

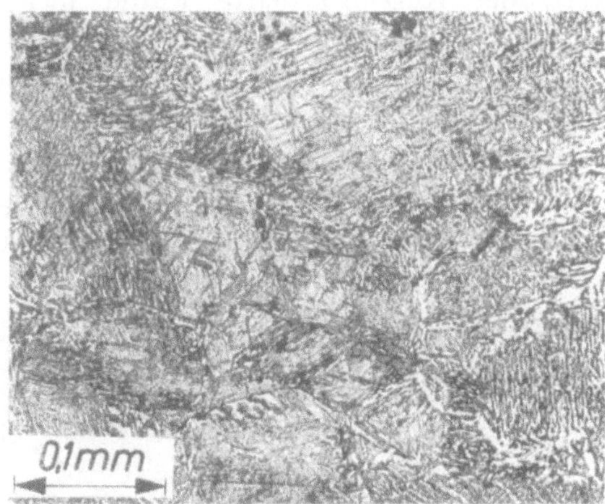

Abb. 34. Gefüge im Übergang von der Halsnaht zum Stegblech in der Druckzone des Trägers 2, in Abb. 29 bei *f*.

im Übergang zum Steg bis zu 310 kg/mm²; im Innern der Naht betrug die Kugeldruckhärte mit derselben Einrichtung nur 205 kg/mm².

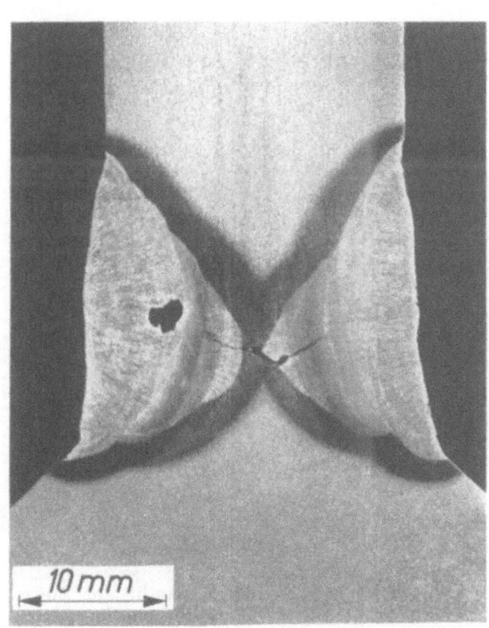

Abb. 35. Querschnitt durch die Halsnaht der Zugzone des Trägers 3.

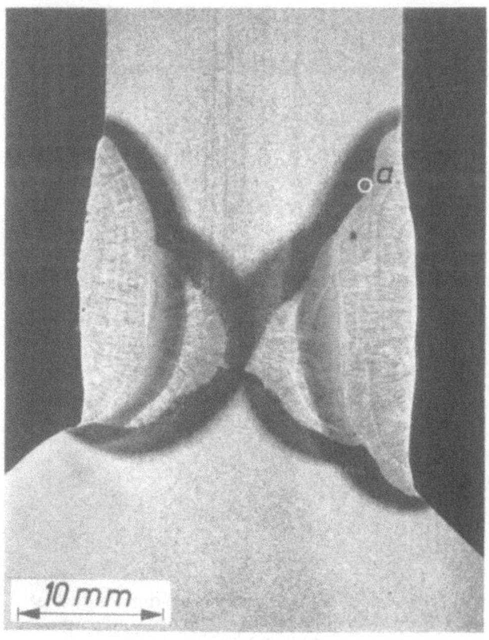

Abb. 36. Querschnitt durch die Halsnaht der Zugzone des Trägers 5.

In Abb. 28a ist ein Querschnitt der Halsnaht der Zugzone des Trägers 2 wiedergegeben. Abb. 28b zeigt den Zustand dieser Naht im Übergang zum Gurt. Die Kugeldruckhärte ist im Übergang der letzten Schweißlage zum Gurt bis zu 335 kg/mm², im Übergang zum Steg bis zu 310 kg/mm² ermittelt worden.

In Abb. 29 bis 34 ist der Gefügezustand im Bereich der Halsnaht der Druckzone des Trägers 2 dargestellt. Aus Abb. 34 ist zu entnehmen, daß auch im Druckgurt sehr harte Stellen entstanden, obwohl hier beim Schweißen nicht gekühlt worden ist. Der Höchstwert der Kugeldruckhärte wurde hier zu 310 kg/mm² gefunden.

In Abb. 35 bis 40 sind Einzelheiten von den Trägern 3, 5 und 6 wiedergegeben.

Allgemein sei folgendes bemerkt:

α) Im Innern der Halsnähte der Träger 2 und 3 sind Querrisse gemäß Abb. 35 beobachtet

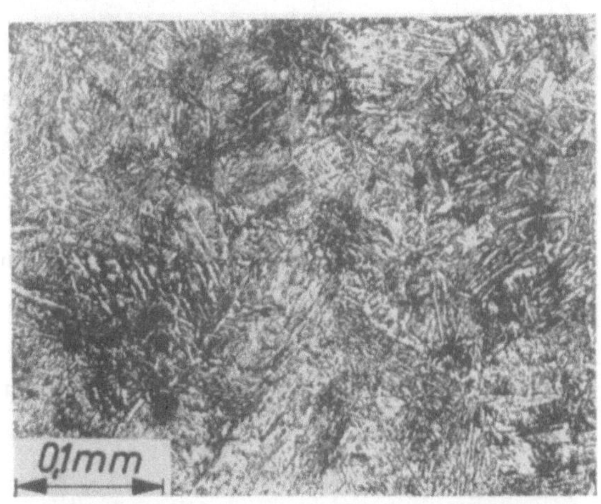

Abb. 37. Gefüge in der Halsnaht der Zugzone des Trägers 5, im Übergang zum Stegblech, in Abb. 36 bei *a*.

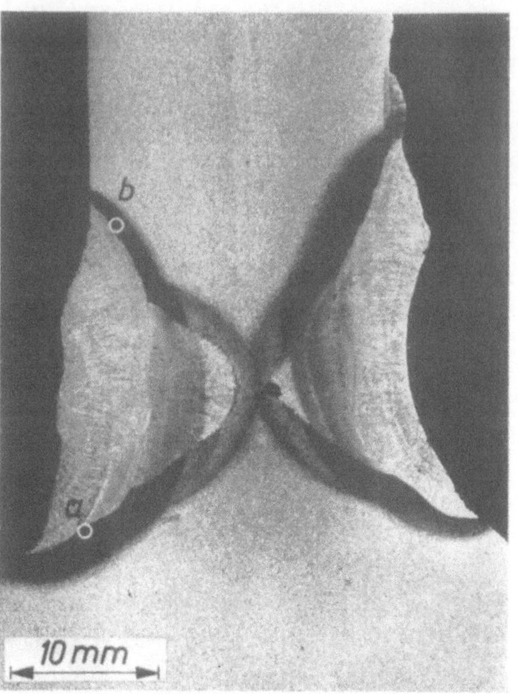

Abb. 38. Querschnitt durch die Halsnaht der Zugzone des Trägers 6.

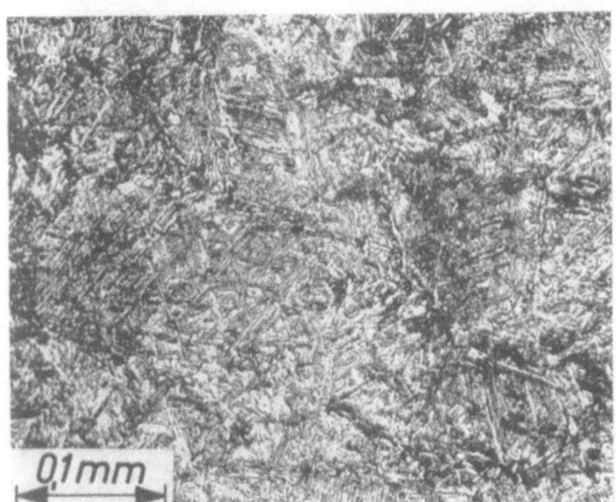

Abb. 39. Gefüge in der Halsnaht der Zugzone des Trägers 6, im Übergang zum Zuggurt, in Abb. 38 bei *a*.

Abb. 40. Gefüge in der Halsnaht der Zugzone des Trägers 6, im Übergang zum Stegblech, in Abb. 38 bei *b*.

worden; diese Risse sind entstanden, weil die Stegblechaussteifungen von vornherein passend eingesetzt waren und deshalb das Schrumpfen der Halsnaht hinderten.

β) Die Härte im Übergang der außen gelegenen Schweißlagen zum Gurt und Steg ist in Zusammenstellung 9 angegeben; der Größtwert im Übergang zum Gurt betrug bei den Trägern 1 bis 6 bis 335; die Härte im Übergang zum Steg ist nur wenig oder gar nicht kleiner geblieben.

Zusammenstellung 9.
Härte im Bereich der Halsnähte in Trägern der Gruppe I.

1	2	3	4	5	6	7	8	9	10	11
		Kugeldruckhärte des Werkstoffs außerhalb der Naht $D = 2,5$ mm; $P = 187,5$ kg				Rollhärte[1] des Schweißnahtübergangs				
			Härte			Halsnaht am Zuggurt		Halsnaht am Druckgurt		
Gruppe	Bezeichnung der Versuchsträger	Lage der Kugeleindrücke	im Gurt kg/mm²	im Stegblech kg/mm²	Lage des Übergangs	Kleinstwert an den inneren Schweißlagen kg/mm²	Größtwert an den äußeren Schweißlagen kg/mm²	Kleinstwert an den inneren Schweißlagen kg/mm²	Größtwert an den äußeren Schweißlagen kg/mm²	Festgestellt in
Ia	1	Rand Mitte	— 165	161[2] 161[2]	Gurt Stegblech	205 205	335[4] 310	— —	— —	Oberhausen
	2	Rand Mitte	— 168	165 160	Gurt Stegblech	205 210	335 310	205 210	310 285	Oberhausen
	3	Rand Mitte	— 164	163 165	Gurt Stegblech	190 220	290 275	— —	— —	Stuttgart
	4	Rand Mitte	— 153	156[2] 149[2]	Gurt Stegblech	190 210	330 320	— —	— —	Stuttgart
	5	Rand Mitte	— 164[3]	159[3] 163[3]	Gurt Stegblech	200 215	300 300	— —	— —	Oberhausen
	6	Rand Mitte	— 152	158 160	Gurt Stegblech	180 205	250 250	— —	— —	Stuttgart
Ib	7	Rand Mitte	— 155	168 156	Gurt Stegblech	185 205	275 275[5]	— —	— —	Stuttgart
	8	Rand Mitte	— 149	175 163	Gurt Stegblech	185 230	350 340	— —	— —	Stuttgart
	9	Rand Mitte	— 168	173 165	Gurt Stegblech	205 220	375 350	— —	— —	Stuttgart

m) Zustand der harten Zonen im Übergang der Halsnaht zu den Gurten und zum Steg. Querrisse.

Es war nun besonders wichtig zu erfahren, ob die harten Zonen der Halsnaht beim Biegeversuch unversehrt geblieben sind. Es wurden deshalb gemäß Abb. 16 in der Zugzone der Träger 1 bis 6, bei den Trägern 2 und 3 auch in der Druckzone, Proben der Halsnaht entnommen. Durch Beobachtung des Gefüges dieser Proben in verschiedenen Tiefen ist wie bereits S. 18 angegeben, geprüft worden, ob die Nähte Mängel enthalten.

Zunächst geschah dies für die Zugzone des Trägers 2 an den Proben UG 5 bis UG 9 (Abb. 16). Es handelt sich hier um Stücke, die beim Biegeversuch sehr verschieden beansprucht worden sind. UG 5 hatte eine rechnerische Randspannung von 53,7 kg/mm² ertragen, UG 6 nur eine solche von 8 bis 17 kg/mm²; die Anstrengung am äußeren Übergang der Halsnaht zum Gurt war bei UG 5 44 kg/mm², bei UG 6 6 bis 14 kg/mm². In allen 5 Proben sind Querrisse gefunden worden, wie Zusammenstellung 10 erkennen läßt, nämlich

	in UG 5	UG 7	UG 8	UG 9	UG 6	
bei einer Probenlänge von	100	100	50	200	200 mm	
	27	25	33	4	4 Risse[6]	
in	6	13	13	2	7 Flächen[6]	

---

[1] Festgestellt mit dem Rollhärteprüfer nach Hauttmann (Kugeldurchmesser 1,59 mm, Belastung 15 kg, Schlittengeschwindigkeit 0,25 mm/min).

[2] 8 mm Abstand von der Halsnaht, sonst 12 mm.

[3] Bei Wiederholung an einem andern Abschnitt am Gurt 165 kg/mm², am Stegblech 164 und 170 kg/mm².

[4] Bei einer Rollbahn sogar 400 kg/mm².

[5] An der angrenzenden Schweißlage weiter innen 295 kg/mm².

[6] Es ist hier zu beachten, daß bei einem Teil der Proben nur in wenigen Schichten nach Rissen gesucht wurde, weil die Tatsache des Vorhandenseins von Rissen als das Wesentliche der Versuche angesehen wurde. Überdies ist anzunehmen, daß ein Teil der Risse in mehreren übereinanderliegenden Beobachtungsflächen gezählt ist, wenn die Tiefe der Risse über mehrere der abgearbeiteten Schichten durchläuft.

Die Risse lagen in harten Übergangsschichten in der äußeren Schweißlage zum Zuggurt oder zum Steg, in wenigen Fällen auch in tiefer gelegenen Übergängen; sie waren in der Mitte des Trägers deutlich klaffend, nahe dem Auflager viel feiner. Ihre Länge betrug bis rd. 3,5 mm. Abb. 41 bis 51 geben weitere Auskunft.

In der Druckzone des Trägers 2 im Abschnitt OG 5 sind keine Risse bemerkt worden. Aus den Feststellungen am Träger 2 ist zunächst entnommen worden, daß die harten Schichten im Übergang der Halsnaht zum Gurt und Steg von vielen feinen, allerdings kurzen und nicht tief reichenden Rissen durchsetzt waren; die Risse sind auch in Gebieten gefunden worden, die rechnerisch kleine Anstrengungen erfahren hatten. Die Tatsache, daß in dem Abschnitt OG 5 der Druckzone keine Risse entdeckt worden sind, führte zu der Vermutung,

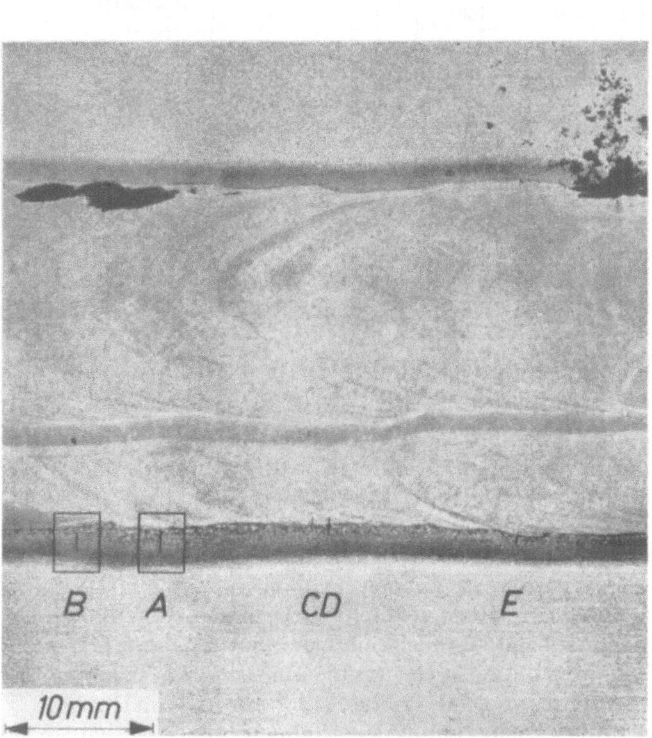

Abb. 41.   Abb. 42.

Abb. 41. Teil des Abschnitts 5 (Längsschnitt) aus der Halsnaht der Zugzone des Trägers 2 (bei der Mitte des Trägers). Zustand nachdem seitlich 0,5 mm abgehobelt waren. In der Übergangszone zum Zuggurt sind 5 Risse bei A bis E sichtbar.   Abb. 42. Stelle A in Abb. 41.

daß die Risse in der Zugzone erst unter der Einwirkung der äußeren Last entstanden sind. Doch erwies sich diese Annahme auf Grund späterer Beobachtungen an anderen Trägern nicht als zutreffend.

Die Untersuchungen am Träger 1, der beim Schweißen weniger gekühlt war als Träger 2, ergaben gemäß Zusammenstellung 10, daß die Halsnaht des Zuggurts weniger Risse enthielt; aber auch dieser Träger war nahe den Widerlagern nicht rißfrei. Im Träger 5, der vor dem Biegeversuch nach dem Druckgurt hin absichtlich bleibend verbogen war, wurden ungefähr ebensoviel Risse gefunden wie im Träger 2. Weitere Aufschlüsse geben die Abb. 52 bis 54, sowie Zusammenstellung 10.

Der Umstand, daß die dem Biegeversuch unterworfenen Träger auch nahe dem Auflager, also in rechnerisch wenig beanspruchten Bereichen Risse besaßen, gab Veranlassung, die Träger 4 und 6 nicht auf Biegung zu prüfen, sondern im Anlieferungszustand zu zerlegen. Auch diese Träger enthielten feine Risse, vgl. Zusammenstellung 10. Risse waren also schon im unbelasteten Träger vorhanden.

Im ganzen ist in den Beobachtungen an den Längsschnitten der Halsnähte zu entnehmen, daß die Halsnähte der Zugzone unter den gewählten Umständen (in bezug auf die Beschaffenheit der Werkstoffe und der Elektrode, die Art des Schweißens, die Kühlung des Zuggurts beim Schweißen usw.) von vornherein rissig waren. Weiter ist sehr wichtig, daß trotz des Vorhandenseins zahlreicher feiner kurzer Risse weitgehende Überlastungen und Verformungen der Träger stattfinden konnten, ohne daß ein Bruch eintrat.

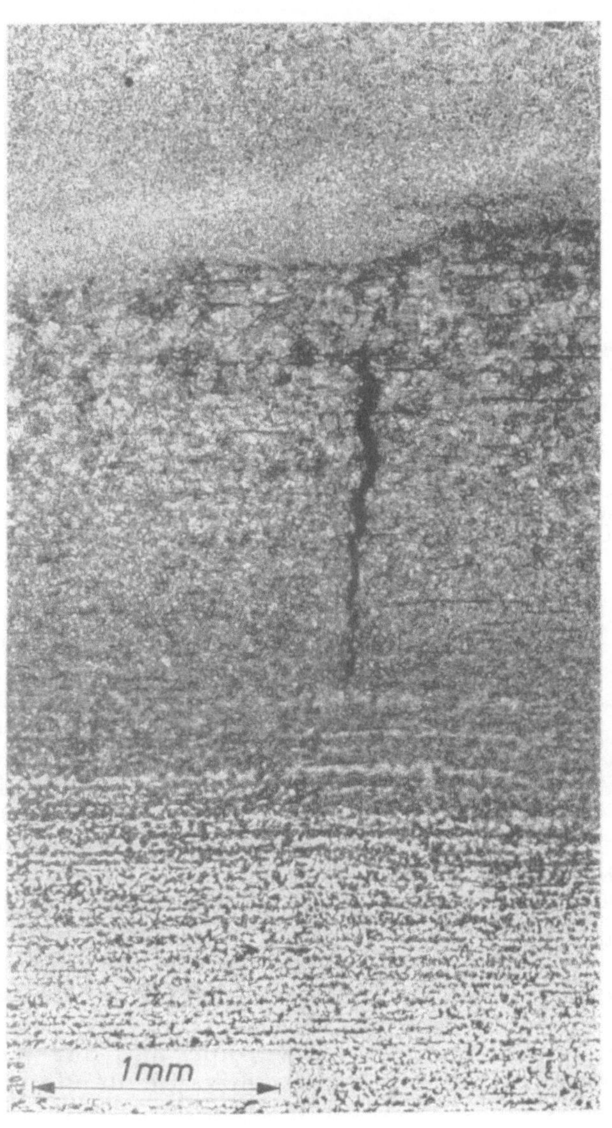

Abb. 43. Stelle *B* in Abb. 41.

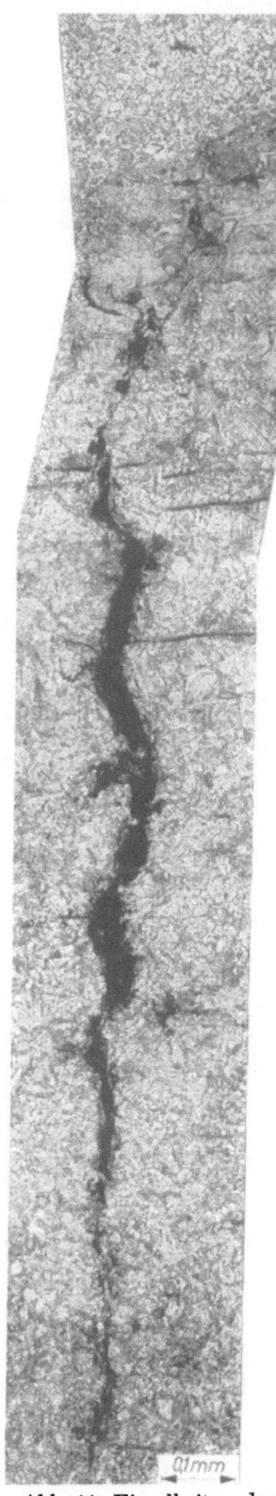

Abb. 44. Einzelheiten des Risses *B* in Abb. 41; vgl. auch Abb. 43.

Als dieses Versuchsergebnis im Deutschen Ausschuß für Stahlbau erörtert wurde, sind folgende Fragen aufgetreten:

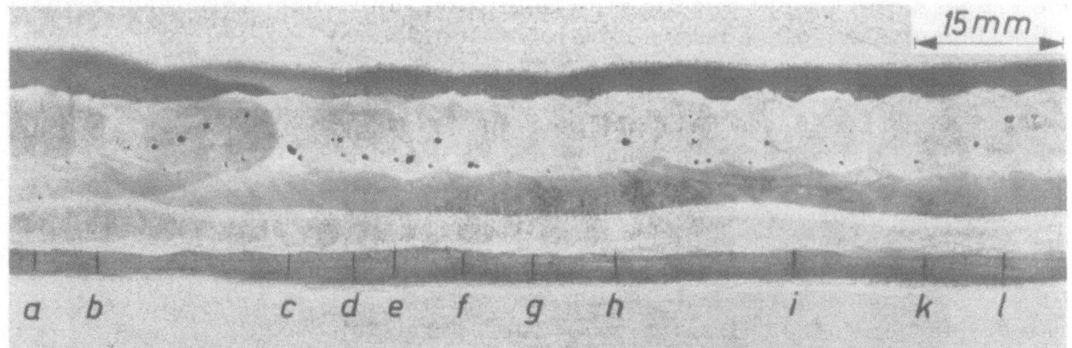

Abb. 45. Abschnitt 5 (Längsschnitt) aus der Halsnaht der Zugzone des Trägers 2 (nahe der Mitte des Trägers). Zustand, nachdem seitlich (vorn) 2 mm abgehobelt waren. In der Übergangszone zum Zuggurt sind 11 Risse bei a bis l sichtbar.

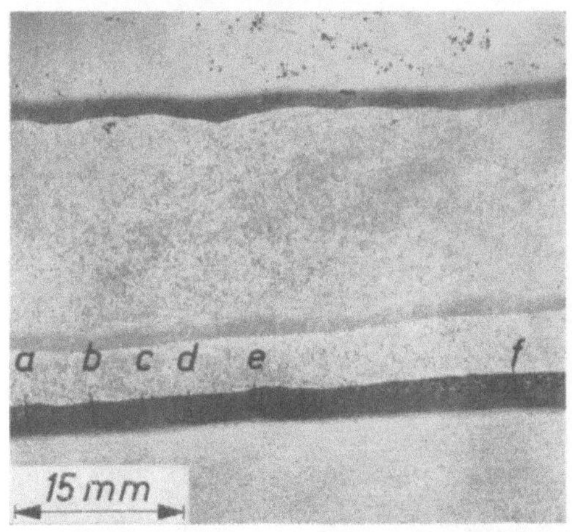

Abb. 46. Abschnitt 8 aus der Halsnaht des Zuggurts des Trägers 2. Zustand, nachdem seitlich (hinten) 2 mm abgehobelt waren. In der unteren Übergangszone sind 6 Risse bei a, b, c, d, e und f sichtbar.

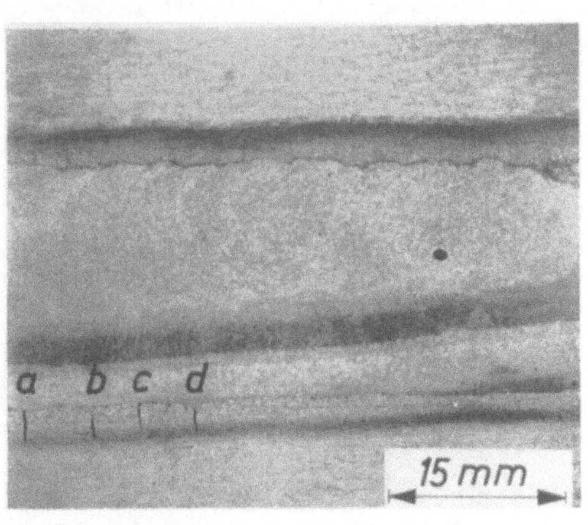

Abb. 47. Abschnitt 8 aus der Halsnaht des Zuggurts des Trägers 2. Zustand, nachdem seitlich (hinten) 4 mm abgehobelt waren. In der unteren Übergangszone sind 4 Risse bei a, b, c und d sichtbar.

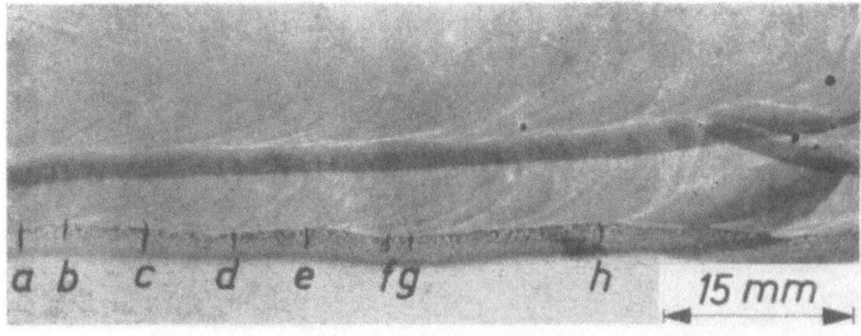

Abb. 48. Teil des Abschnitts 7 (Längsschnitt) aus der Halsnaht des Zuggurts des Trägers 2. Zustand, nachdem vorn 2 mm abgehobelt waren. In der Übergangszone zum Zuggurt sind 8 Risse bei a bis h sichtbar.

1. Ist es zur Zeit überhaupt möglich, die feinen Querrisse in den harten Schichten der Halsnähte zu vermeiden?

2. Ist es nötig, das Entstehen der bezeichneten Risse im Bereich der zulässigen Anstrengungen oder bis zur Höchstlast der Träger zu verhindern, namentlich wenn es sich um Träger handelt, die vorwiegend oftmals wiederholten Belastungen ausgesetzt sind. Sind die beobachteten Risse in den verwendeten Werkstoffen überhaupt schädlich?

3. Wie kann auf einfache Weise festgestellt werden, daß der Werkstoff für geschweißte Träger brauchbar ist und daß die zu erwartenden feinen Risse unbedenklich bleiben?

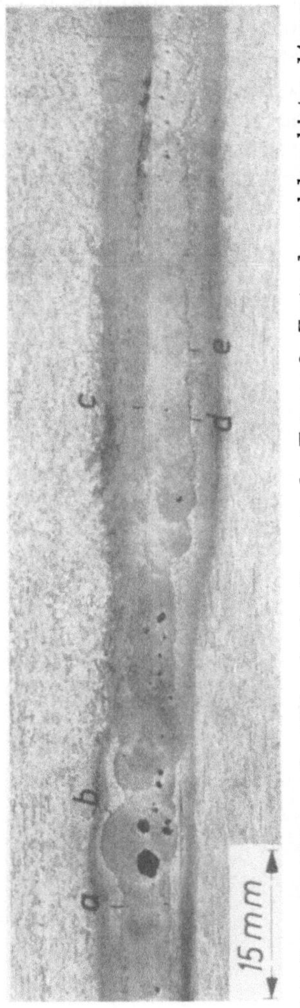

Abb. 49. Abschnitt 7 (Längsschnitt) aus der Halsnaht des Zuggurts des Trägers 2. Zustand, nachdem hinten 14 mm abgehobelt waren. In den Übergangszonen zum Zuggurt und zum Stegblech sind 5 Risse a bis e sichtbar.

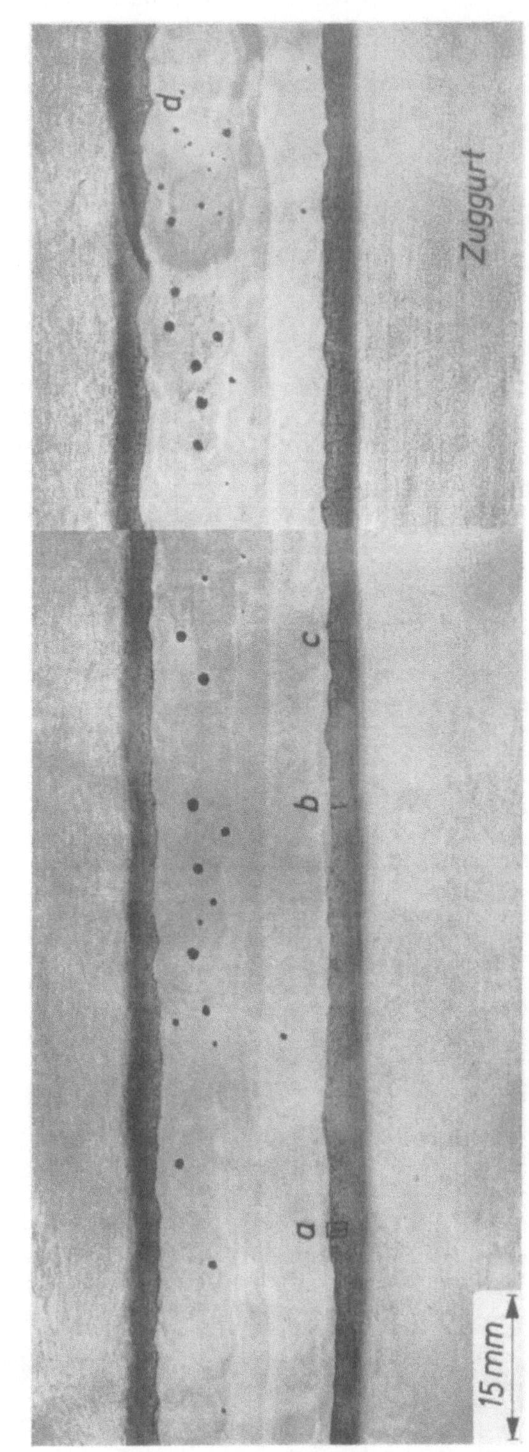

Abb. 50. Abschnitt 6 (Längsschnitt) aus der Halsnaht der Zugzone des Trägers 2. Zustand, nachdem seitlich 4 mm abgehobelt waren. In der oberen Übergangszone ist 1 Riß bei d, in der unteren sind 3 Risse bei a, b und c sichtbar.

Abb. 51. Riß in der Halsnaht der Zugzone des Trägers 2, bei *a* in Abb. 50.

Zu den Fragen 1 und 2 wurde auch von anderer Seite über Beobachtungen berichtet, die annehmen lassen, daß viele Schweißverbindungen in ihren harten Schichten zahlreiche feine kurze Querrisse aufweisen. Zur Beantwortung der Fragen 1 und 2, die offen lassen, ob die Risse vermieden werden können oder unter bestimmten Belastungsverhältnissen vermieden werden müssen, sind im folgenden einige Versuche mitgeteilt, die als Vorversuche gelten sollen; der Versuchsausschuß hat weiterhin umfassendere Versuche angeregt[1].

Aus der Halsnaht der Träger 4 und 6 sind 4 Proben UG10 und UG11 nach Abb. 55 herausgearbeitet worden. Der Ort der Entnahme ist in Abb. 16 rechts angegeben. Zusammenstellung 11 enthält die Ergebnisse. Hiernach wurde der Probestab UG10 aus Träger 6 zunächst mit rd. 21 kg/mm² während rd. 2 min auf Zug belastet. Dann folgte die Prüfung unter oftmals wiederholten Zugbelastungen zwischen $\sigma_{zu} = 1$ kg/mm² und

---

[1] Zunächst ist zu beachten, daß die Vorspannung durch das Herausarbeiten geändert wird.

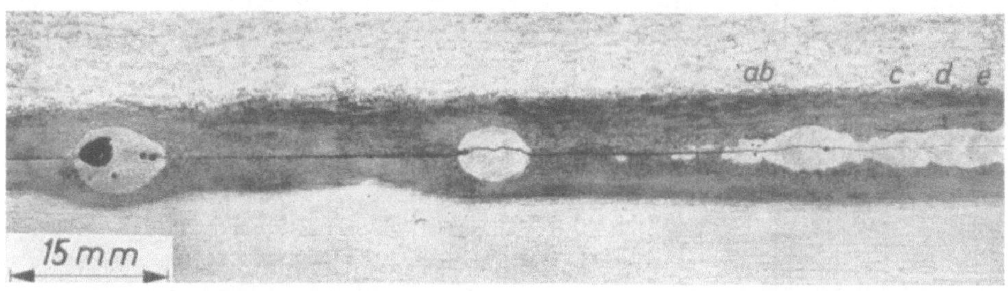

Abb. 52. Abschnitt 9 (Längsschnitt) aus der Halsnaht der Zugzone des Trägers 3. Zustand, nachdem seitlich (hinten) 10,5 mm abgehobelt waren. 3 Längsrisse bei *a* bis *c*; Querrisse bei *d* und *e*.

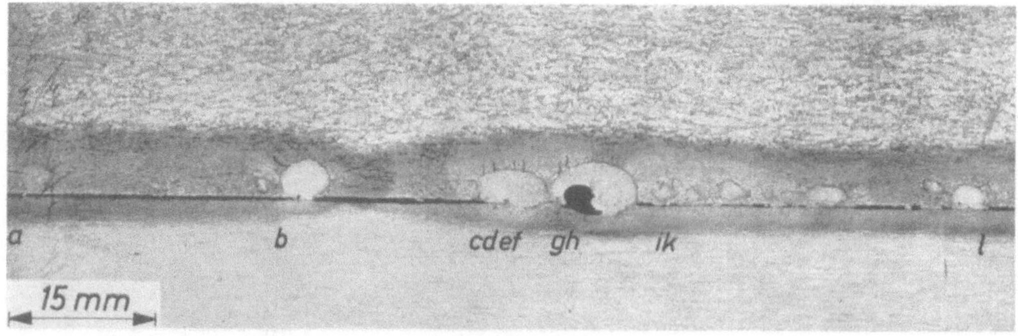

Abb. 53. Abschnitt 5 (Längsschnitt) aus der Halsnaht des Trägers 5. Zustand, nachdem seitlich (hinten) 11 mm abgehobelt waren. In der Übergangszone sind 11 Risse bei *a* bis *l* sichtbar.

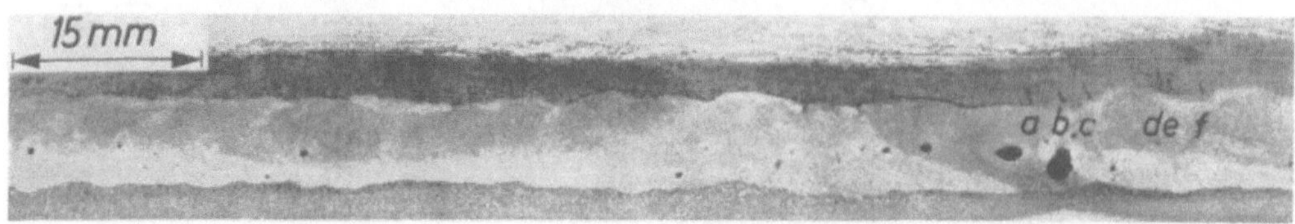

Abb. 54. Abschnitt 5 (Längsschnitt) aus der Halsnaht des Trägers 5. Zustand, nachdem seitlich (vorn) 8 mm abgehobelt waren. In der Übergangszone 6 Risse bei *a* bis *f*.

$\sigma_{zo} = \text{rd. } 18\,\text{kg/mm}^2$, 666mal in der Minute und 2076800mal insgesamt. Unter diesen Beanspruchungen war kein Riß zu erkennen. Dann wurde $\sigma_{zo} = $ auf rd. 21 kg/mm² erhöht. Mit dieser Last erfolgte der Bruch nach 802000 Lastspielen in der Halsnaht zwischen den Einspannbacken.

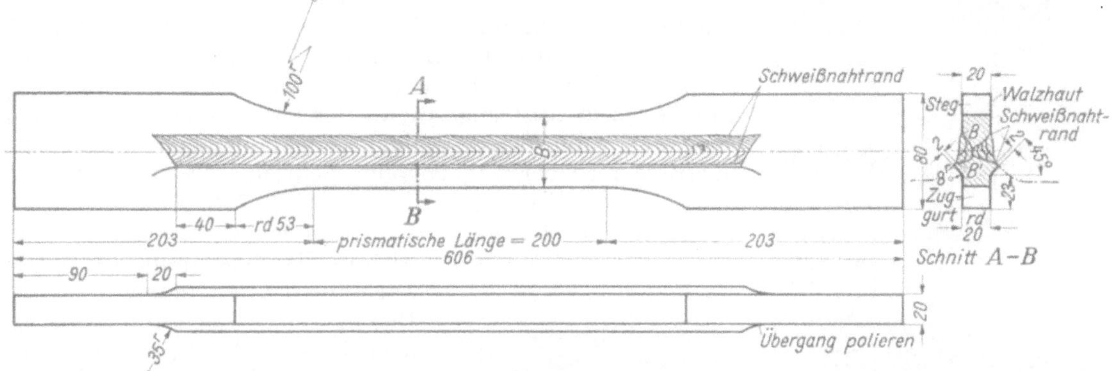

Abb. 55. Proben UG 10 und UG 11 aus der Zugzone der Träger 4 und 6 nach Abb. 5. Die Entnahmestellen sind in Abb. 16 angegeben. Die Proben wurden oftmals wiederholter Zugbelastung unterworfen.

Der Stab UG 11 ist mit $\sigma_{zo} = \text{rd.}$ 30 kg/mm² während 3 min vorbelastet worden; er brach beim Dauerzugversuch nach 1023500 Lastspielen zwischen $\sigma_{zu} = 1$ kg/mm² und $\sigma_{zo} = 20{,}4$ kg/mm². Der Bruchquerschnitt ist in Abb. 56 wiedergegeben. Hieraus ist zu entnehmen, daß der Bruch bei einer kleinen Fehlstelle und im Bereich der Schweißnahtübergänge begann.

Aus diesen beiden Versuchen erhellt, daß der Werkstoff der Halsnaht des Trägers 6 Zugbelastungen zwischen $\sigma_{zu} = 1$ kg/mm² und rd. $\sigma_{zo} = 19$ kg/mm² (Schwingweite 18 kg/mm²) mindestens 2000000mal ertragen kann. Zu noch höheren Festigkeiten führten die Versuche mit 2 Stäben aus der Halsnaht der Zugzone des Trägers 4, wie Zusammenstellung 11 zu entnehmen ist. Abb. 57 zeigt dazu die Bruchfläche des Stabs UG 11. Der Bruch begann wahrscheinlich an der in Abb. 57 ersichtlichen Gasblase in der Nähe der Wurzel der Halsnaht.

Bei diesen Versuchen wurde vorausgesetzt, daß die Proben im Übergang der Schweißnaht zum Grundwerkstoff feine Risse besaßen, wie dies auf S. 31 für andere Proben aus

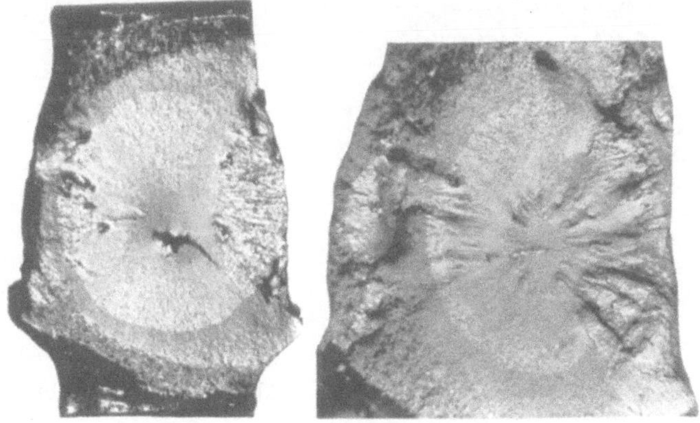

Abb. 56.   Abb. 57.

Abb. 56. Bruchfläche des Stabs UG 11 aus dem Träger 6. Bruch nach 1023500 Lastspielen zwischen $\sigma_{zu} = \text{rd. } 1$ kg/mm² und $\sigma_{zo} = 20{,}4$ kg/mm².
Abb. 57. Bruchfläche des Stabs UG 11 aus dem Träger 4, vgl. Zusammenstellung 11.

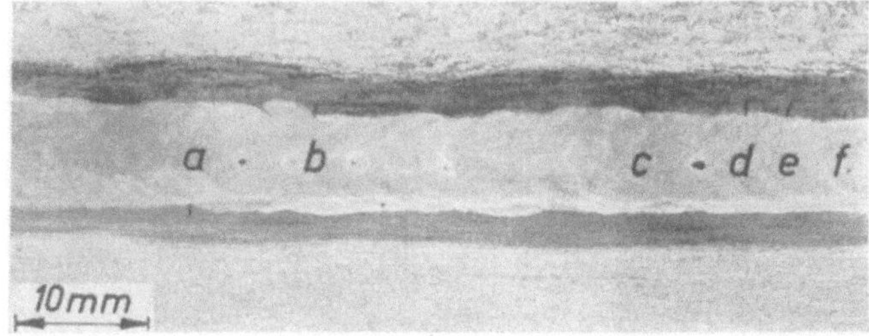

Abb. 58. Abschnitt (Längsschnitt) des unter oftmals wiederholter Zugbelastung geprüften Stabs UG 10 aus der Halsnaht des Zuggurts des Trägers 6. Zustand, nachdem hinten 9,5 mm abgehobelt waren, Querriß a im Übergang der Schweißnaht zum Zuggurt, Querrisse b bis f im Übergang zum Stegblech.

den Trägern 4 und 6 festgestellt ist. Um sicher zu sein, daß diese Voraussetzung erfüllt ist, wurde der Probestab UG 10 des Trägers 6 nachträglich auf Querrisse so untersucht, wie dies unter 4 g (S. 18) angegeben ist. Abb. 58 bis 60 zeigen, daß tatsächlich Risse vorhanden waren.

Zur weiteren Beurteilung der Aufgabe sind aus einem Reststück der Brücke über die Hardenbergstraße[1] drei Proben nach Abb. 61 mit einer Halsnaht hergestellt worden[2]. Die Ergebnisse der Versuche finden sich in Zusammenstellung 12. Die Probe 2D5 wurde oftmals auf Zug zwischen $\sigma_{zu} = 1\,\text{kg/mm}^2$ und $\sigma_{zo} = $ rd. $19\,\text{kg/mm}^2$ beansprucht; sie brach nach 704 200 Lastspielen. Der Bruch erfolgte zwischen den Einspannbacken an einem alten Anriß, vgl. Abb. 64. Die Anstrengung an der Bruchstelle war $\sigma_{zo} = $ rd. $15\,\text{kg/mm}^2$. Im prismatischen Teil sind nachher viele feine Querrisse im Übergang von der Schweißnaht zum Gurt entdeckt worden. Der Stab 2D1 ertrug 1 475 300 Lastspiele von $\sigma_{zu} = 1\,\text{kg/mm}^2$ bis $\sigma_{zo} = $ rd. $19\,\text{kg/mm}^2$; er brach beim Eintritt in die Einspannbacken. Hier war die Anstrengung $\sigma = $ rd. $13{,}5\,\text{kg/mm}^2$. Der Stab 2D3 war nach 1 008 900 Lastspielen zwischen $\sigma_{zu} = 1\,\text{kg/mm}^2$ und $\sigma_{zo} = 19{,}5\,\text{kg/mm}^2$ zerstört. Der Bruchquerschnitt ist in Abb. 62 und 63 wiedergegeben; der Bruch begann hiernach wahrscheinlich an der nicht verschweißten Schweißnahtwurzel, sowie in den Übergangszonen der Schweißnaht zum Gurt in den kleinen Flächen a, a. Abb. 65 zeigt das Gefüge nahe der Bruchstelle.

Aus den Ergebnissen der Stäbe 2D1, 2D3 und 2D5 kann entnommen werden, daß in der zugehörigen Halsnaht des Brückenträgers Schwingungsweiten von rd. $17\,\text{kg/mm}^2$ 2 000 000mal auftreten dürfen, ohne daß ein Bruch eintritt. Allerdings waren außerhalb den prismatischen Teilen der Versuchsstücke alte Anrisse vorhanden, die in den Einspannenden unter viel kleineren Anstrengungen zum Bruch führten.

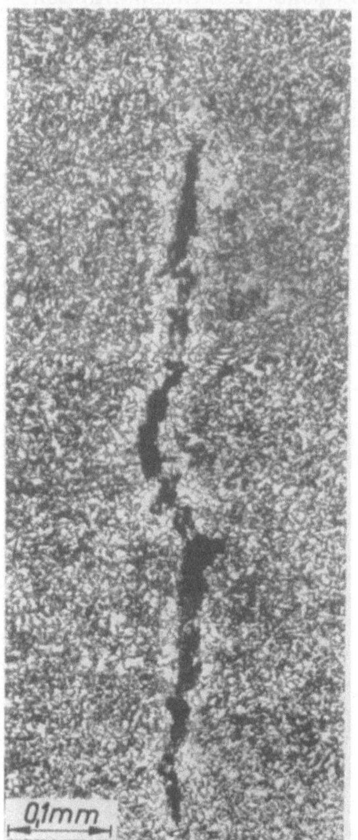

Abb. 59. Riß a in Abb. 58.

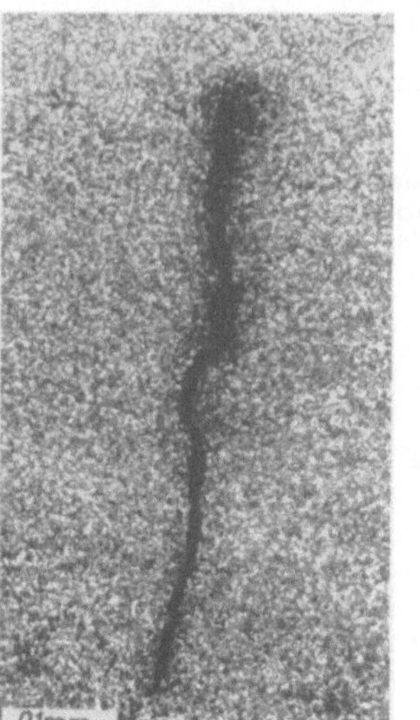

Abb. 60. Riß b in Abb. 58.

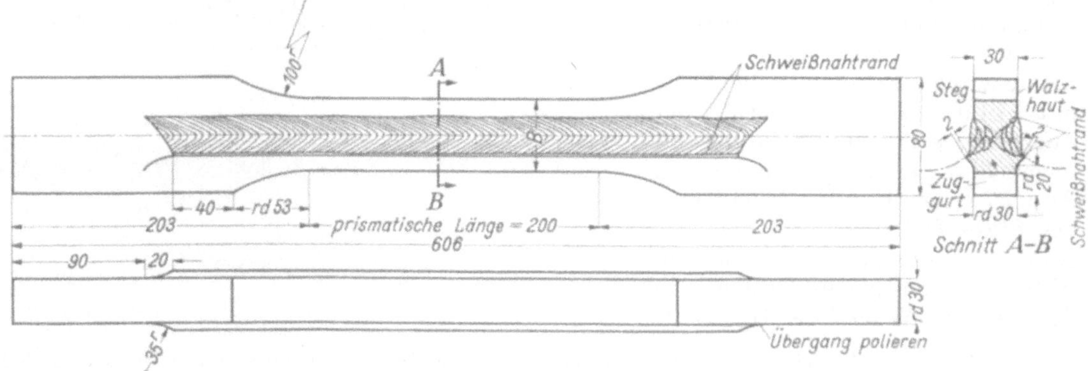

Abb. 61. Proben aus dem in Abb. 100 und 101 dargestellten Reststück der Brücke über die Hardenbergstraße. Die Proben wurden oftmals wiederholter Zugbelastung unterworfen.

Aus den Versuchen der Zusammenstellung 11 geht hervor, daß der zu den Versuchsträgern 1 bis 6 verwendete Stahl für Schweißverbindungen noch geeignet

---

[1] Vgl. Schaper: Bautechn. 1938 Heft 48, S. 649f. — Schaechterle: Bautechn. 1939 Heft 4, S. 46f.
[2] Die Entnahmestellen sind in der späteren Abb. 101 angegeben.

Zusammenstellung 11.

Dauerzugversuche mit Probestäben nach Abb. 55 aus den Halsnähten am Zuggurt der Träger 4 und 6.

1	2	3	4	5	6	7	8	9	10	11
		Vorbelastung			Dauerzugversuche mit Schwellbelastung; $n = 666$ Lastspiele in der Minute; Zugspannung[1] an der unteren Belastungsgrenze (Unterzugspannung) $\sigma_{zu} = 1{,}0$ kg/mm²					
Probe-stäbe aus dem Träger	Bezeichnung der Probestäbe	Zugspannung[1] σ_z		Dauer der Vorbe-lastung	Zugspannung[1] an der oberen Belastungsgrenze (Oberzugspannung) σ_{zo}		Schwingweite $\sigma_{zo} - \sigma_{zu}$		Zahl der Lastspiele bis zum Bruch N	Bemerkungen über den Bruch
		Grenzwerte kg/mm²	an der Bruch-stelle[2] kg/mm²	min	Grenzwerte kg/mm²	an der Bruch-stelle[2] kg/mm²	Grenzwerte kg/mm²	an der Bruch-stelle[2] kg/mm²		
	I A 6. UG 10[3]	19,9—21,5	—	2	17,1—18,4	—	16,1—17,4	—	> 2076800	Nicht gebrochen; σ_{zo} erhöht.
					19,9—21,5	—	19,0—20,5	—	802000	Probestab am Stabende zwischen den Einspann-backen gebrochen. Zugspannung an der Bruchstelle $\sigma_{zo} = 15{,}5$ kg/mm².
6	I A 6. UG 11	29,0—30,5	29,0	3	20,4—21,5	20,4	19,4—20,5	19,4	1023500	Probestab gebrochen; Bruchstelle in der prisma-tischen Stablänge; Bruchbeginn im Innern der Halsnaht.
	I A 4. UG 10	0	0	0	20,7—21,3	21,2	19,7—20,3	20,2	1152800	Probestab gebrochen; Bruchstelle in der prisma-tischen Stablänge; Bruchbeginn im Innern der Halsnaht.
4	I A 4. UG 11	29,4—30,6	30,2	3	19,0—19,8	19,5	18,0—18,8	18,5	> 2738100	Nicht gebrochen; σ_{zo} erhöht.
					20,6—21,4	21,1	19,6—20,4	20,1	> 1990900	Nicht gebrochen; σ_{zo} erhöht.
					23,5—24,5	24,1	22,5—23,5	23,1	1022700	Probestab gebrochen; Bruchstelle in der prisma-tischen Stablänge; Bruchbeginn an einer Gasblase im Innern der Halsnaht.

[1] Diese Angaben gelten für den mittleren prismatischen Stabteil. Der Querschnitt der Probestäbe war hier im Bereich der roh gelassenen Schweißnaht etwas veränderlich.

[2] Soweit der Bruch im mittleren prismatischen Stabteil erfolgte.

[3] Probestab I A 6. UG 10 im mittleren prismatischen Stabteil $B = $ rd. 50 mm breit; die drei andern Probestäbe $B = 44$ mm breit.

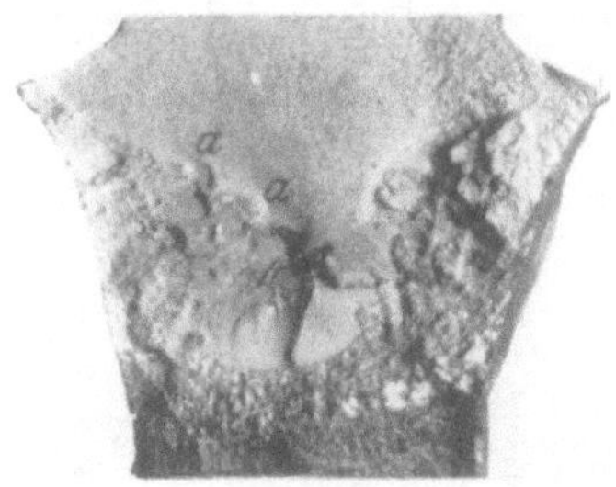

Abb. 62.

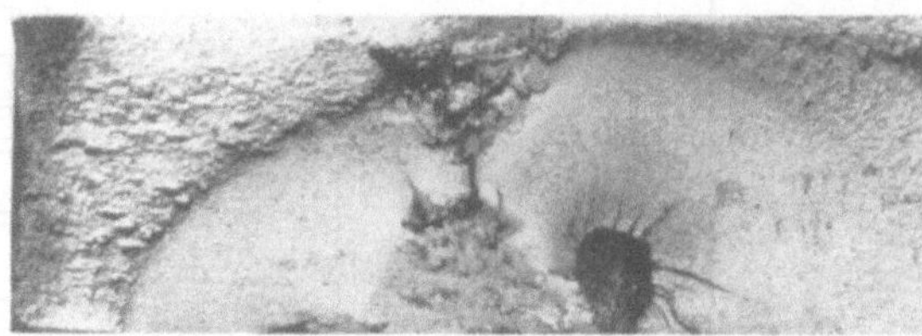

Abb. 64. Bruchfläche des Stabs 2 D 5. Die dunkle Fläche
gehört zu einem alten Anriß.

Abb. 63.
Abb. 62 und 63. Bruchfläche des Stabs 2 D 3.

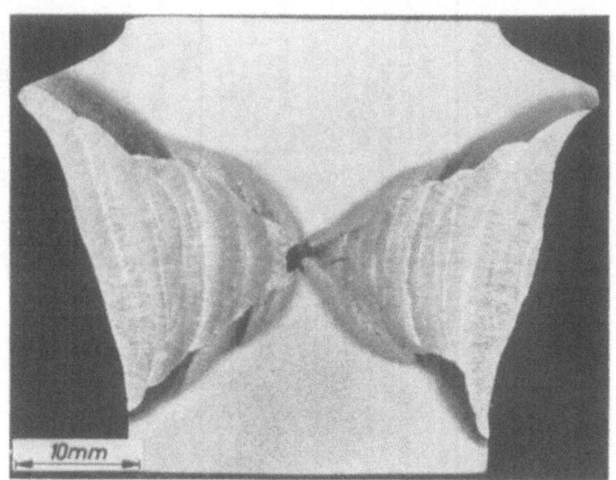

Abb. 65. Schnitt durch den Stab 2 D 3 rd. 10 mm von der
Bruchstelle, die in Abb. 62 und 63 dargestellt ist.

Zusammenstellung 12.

Dauerzugversuche mit Probestäben nach Abb. 61 aus der Halsnaht am Druckgurt
eines Stücks der Brücke über die Hardenbergstraße.

1	2	3	4	5	6	7	8
		Dauerzugversuche mit Schwellbelastung; n = rd. 666 Lastspiele in der Minute; Zugspannung[1] an der unteren Belastungsgrenze (Unterzugspannung) σ_{zu} = rd. 1,0 kg/mm²					
Be-zeichnung der Probestäbe	Breite der Probestäbe im mittleren prismatischen Stabteil B	Zugspannung[1] an der oberen Belastungsgrenze (Oberzugspannung) σ_{zo}		Schwingweite[1] $\sigma_{zo} - \sigma_{zu}$		Zahl der Lastspiele bis zum Bruch N_B	Bemerkungen über den Bruch
		Grenzwerte	an der Bruch-stelle[2]	Grenzwerte	an der Bruch-stelle[2]		
	mm	kg/mm²	kg/mm²	kg/mm²	kg/mm²		
2D5	50	18,7—19,2	—	17,7—18,2	—	704 200	Bruch des Stabkopfes in der Ein-spannung; Bruchbeginn an einem bei der Einlieferung vorhandenen Riß. Zugspannung σ_{zo} an der Bruchstelle: 14,9 kg/mm².
2D1	44	18,6—19,3	—	17,6—18,3	—	1 475 300	Bruch des Stabkopfes beim Eintritt in die Einspannbacken. Zugspan-nung σ_{zo} an der Bruchstelle: 13,5 kg/mm².
2D3	38	18,2—19,5	19,5	17,2—18,5	18,5	1 008 900	Bruch im mittleren prismatischen Stabteil; Bruchbeginn wahrschein-lich an der nichtverschweißten Schweißnahtwurzel und an kleinen, metallgrauen Stellen in den Über-gangszonen der Schweißnaht zum Gurt und zum Stegblech.

[1] Im mittleren prismatischen Stabteil.   [2] Soweit der Bruch im mittleren prismatischen Stabteil erfolgte.

erscheint, weil die Widerstandsfähigkeit gegen oftmals wiederholte Zugbelastungen trotz des Vorhandenseins feiner Querrisse in den harten Schichten
der Halsnähte befriedigend ist (ertragene Schwingungsweite 18 kg/mm²)[1]. Die Proben
aus der Hardenbergbrücke, Zusammenstellung 12, lieferten in den prismatischen Teilen
etwas kleinere, an anderen Stellen bedeutend kleinere Schwellzugfestigkeiten.

Aus solchen Beobachtungen und vor allem aus den später unter 8 beschriebenen, lassen
sich die Grenzen ableiten, mit denen die notwendigen Eigenschaften des Stahls zu geschweißten Brücken bestimmt sind. Dabei erscheint die folgende Bedingung als eine besonders wichtige. Wenn in den harten Schichten der Halsnähte großer Brücken
feine, in jeder Richtung kurze Querrisse entstehen, muß der Werkstoff so
beschaffen sein, daß das Fortschreiten der Querrisse unter den zulässigen
Belastungen nicht stattfindet.

Bevor auf die praktische Prüfung für eine solche Bedingung eingegangen wird, seien
zunächst weitere Versuche mit geschweißten Trägern besprochen.

5. Versuche mit den Trägern 7 bis 10 der Gruppe Ib.
Gurte aus Stegprofilen, vgl. Zusammenstellung 2.

a) Bauart der Träger.

Abb. 66 zeigt die Bauart des Trägers 7. Die äußeren Maße waren die gleichen wie bei
den Trägern der Gruppe Ia (vgl. unter 4a). Die Gurte hatten 100 mm hohe Stege.

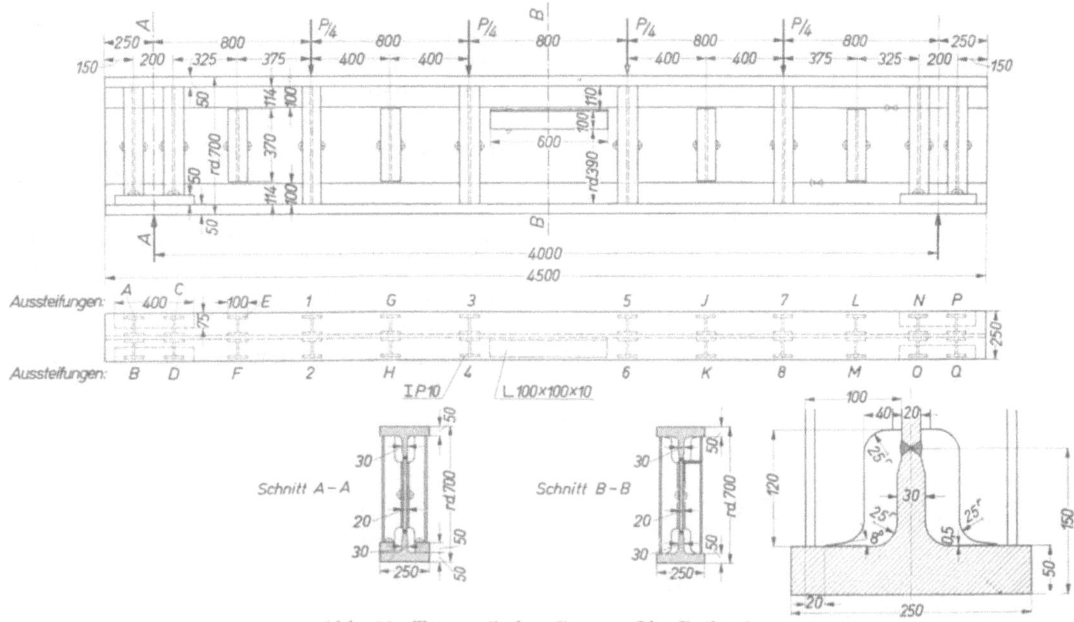

Abb. 66. Träger 7 der Gruppe Ib, Reihe 1.

Dadurch lag die Halsnaht weit ab von dem dicken Gurt. Die Abschreckung des Schweiß-
gurts sollte dadurch gemildert werden. Der Querschnitt der Halsnaht wurde kleiner als
bei den Trägern 1 bis 6. Überdies wurde die Halsnaht in ein Gebiet kleinerer Beanspruchung
verlegt. Die Aussteifungen waren beim Träger 7 eingeklemmt wie bei den Trägern 1 und 2
(vgl. dazu unter 4a).

Die Träger 8 und 9 sind in Abb. 67 dargestellt; sie erhielten verstärkte Stegblechaussteifungen. Außerdem war das Stegblech zweimal gestoßen.

---

[1] Ob dabei der Umstand Einfluß nimmt, daß die Probestäbe durch das Herausschneiden aus dem Träger
von Eigenspannungen entlastet wurden, muß zur Zeit dahingestellt bleiben.

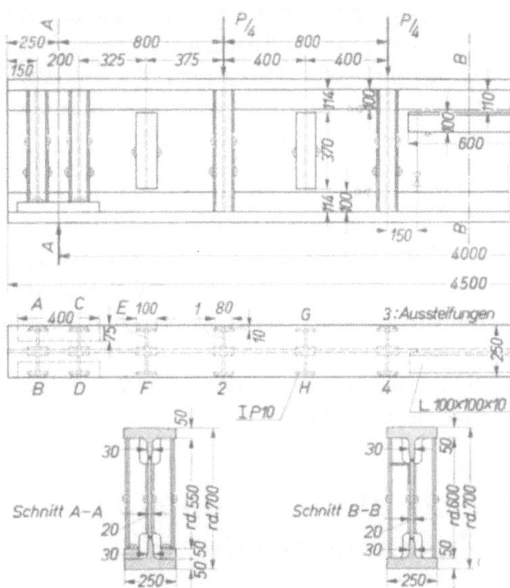

Abb. 67. Träger 8 und 9 der Gruppe I b, Reihe I a.

Beim Träger 10 waren die Stegblechaussteifungen nicht eingeklemmt (vgl. Zusammenstellung 2).

b) Eigenschaften der Werkstoffe zu den Trägern 7 bis 10 der Gruppe I b.

Zusammenstellung 4 enthält die Angaben der Abnahmebeamten und der Hüttenwerke über die gelieferten Werkstoffe. Die chemische Zusammensetzung des Stahls für die Stegprofile war nur wenig verschieden von derjenigen des Stahls für die Wulstprofile der Guppe I a.

Der Stahl der Stegbleche hatte im Vergleich mit dem der Gurte etwas mehr Mn, jedoch weniger P und S.

Die Streckgrenze und die Zugfestigkeit des Stahls zu den Stegprofilen sind nach Zusammenstellung 4 kleiner als bei den Wulstprofilen; beim Stegblech zur Gruppe I b liegen die Zahlen höher als beim Stegblech zur Gruppe I a.

Aus den Zuggurten der Träger 8 und 9, sowie aus dem Druckgurt des Trägers 8 wurden nach dem Biegeversuch zahlreiche Zugproben gemäß Abb. 68 und 69 entnommen; die Ergebnisse sind in Abb. 68 und 69 wiedergegeben. Die Zahlen bedeuten der Reihe nach die Streckgrenze σ_F, Zugfestigkeit σ_B, Bruchdehnung δ_{10} und Querschnittsverminderung ψ. Hieraus findet sich, daß die Zugfestigkeit des Stahls in der Druckzone des Trägers 8 46,7 bis 48,6 kg/mm² betrug, in der Zugzone desselben Trägers 50,5 bis 52,6 kg/mm², in der Zugzone des Trägers 9 50,4 bis 56,8 kg/mm². Die Fließgrenze ist in

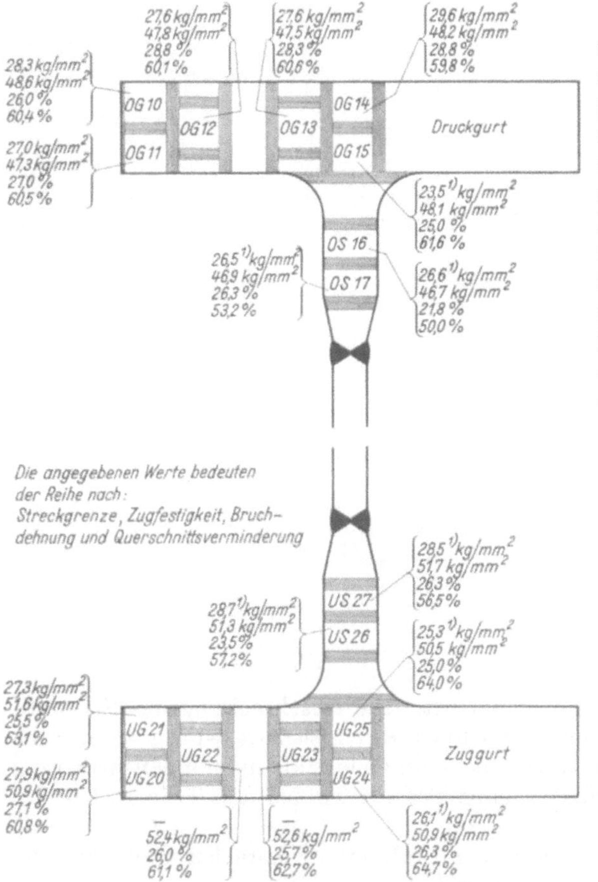

¹) Durch Ermittlung der 0,2%-Grenze bestimmt

Abb. 68. Festigkeitseigenschaften des Stahls in den Stegprofilen des Trägers 8 nach Abb. 67.

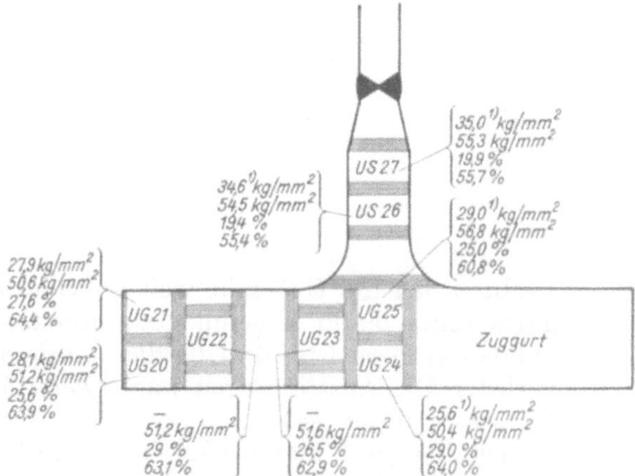

¹) Durch Ermittlung der 0,2%-Grenze bestimmt

Abb. 69. Festigkeitseigenschaften des Stahls in dem Stegprofil des Zuggurts des Trägers 9 nach Abb. 67.

der Druckzone des Trägers 8 zu 23,5 bis 29,6 kg/mm², in der Zugzone dieses Trägers zu 25,3 bis 28,7 kg/mm², schließlich in der Zugzone des Trägers 9 zu 25,6 bis 35,0 kg/mm² ermittelt worden. Hiernach hatte der Stahl im Druckgurt des Trägers 8 nur die Festigkeiten, die etwa für St 44 gelten[1]; die Streckgrenze dieses Stahls lag tief, sie ging bei der Probe OG 15 bis auf 23,5 kg/mm² zurück. Bei den Proben aus der Zugzone der Träger 8 und 9 lag die Streckgrenze erheblich tiefer als sie bei St 52 sein sollte[2].

c) Herstellung der Träger.

Die Herstellung der Träger geschah in der Brückenbauwerkstatt der Maschinenfabrik Eßlingen. Im übrigen ist sinngemäß wie bei den Trägern der Gruppe I a verfahren worden. Die Reihenfolge des Einbringens der Schweißlagen ist für den Träger 7 in Abb. 70 und in Zusammenstellung 13 angegeben; bei den Trägern 8 bis 10 sind in der Regel die Lagen 1 und 2, 3 und 4, 5 und 6, 7 und 8, 9 und 10, sowie 11 und 12 je gleichzeitig eingebracht worden.

In allen Fällen ist der Zuggurt beim Schweißen mit Eis gekühlt worden, ungefähr so wie dies unter 4c für die Träger 2 bis 6 geschildert ist, vgl. Abb. 7.

d) Anstrengungen in den Aussteifungen der Träger 7 bis 9, hervorgerufen durch das Schweißen.

Die Ausführung der Messungen ist unter 4d (S. 11) beschrieben.

Die Ergebnisse der Messungen finden sich in Zusammenstellung 14. Hiernach sind beim Träger 7 (mit eingepreßten Stegblechaussteifungen, vgl. Zusammenstellung 2) an der Außenfläche der Stegblechaussteifungen 1 bis 8 Druckanstrengungen von 20,2 bis 29,6 kg/mm², im Mittel von 25,8 kg/mm² aufgetreten. Diese Werte sind im allgemeinen etwas kleiner als bei den gleichartig hergestellten Trägern 1 und 2 der Gruppe I a (vgl. Zusammenstellung 6, sowie die Darlegungen unter 4d).

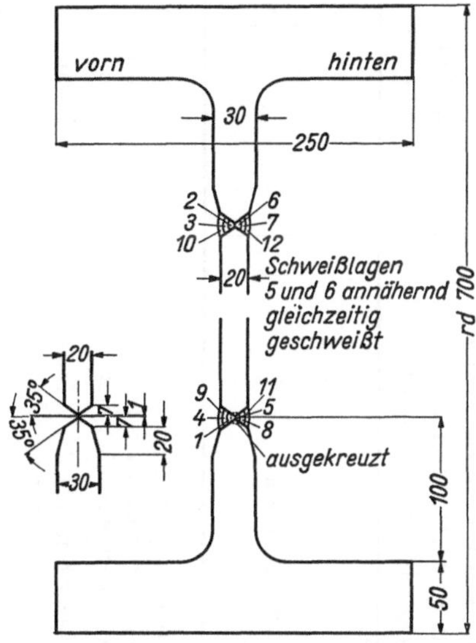

Abb. 70. Querschnitt der Träger nach Abb. 66 und 67. Reihenfolge der Schweißlagen in den Halsnähten des Trägers 7 nach Abb. 66.

In den Aussteifungen des Trägers 10 (Aussteifungen mit nachträglich eingesetzten Beiplättchen) sind nur unerhebliche Anstrengungen festgestellt worden (vgl. Zusammenstellung 14).

e) Formänderungen der Gurte des Trägers 7 nach Abb. 66, sowie des Trägers 10 nach Abb. 72, hervorgerufen durch das Schweißen.

Die Art der Ausführung der Messungen ist unter 4e (S. 11 und 13) beschrieben.

Die Ergebnisse der Versuche am Träger 7 sind in Abb. 71 dargestellt. Die Linienzüge haben einen Verlauf, der dem in Abb. 8 und 9, gültig für Träger mit Gurten aus Wulstprofilen, verwandt ist. Jedoch blieben die Verbiegungen kleiner. An diesem Unterschied wird der Umstand beteiligt sein, daß das Stegprofil einen größeren Biegewiderstand

---

[1] Wie sich später herausstellte, ist dieser Gurt in der Werkstatt verwechselt worden. Er ist in der Tat als St 44 vom Walzwerk abgegangen.

[2] Dabei ist auch zu beachten, daß die bei der Abnahme in den Hüttenwerken festgestellten Werte der Streckgrenze erheblich höher liegen, wie ein Vergleich der Zahlen der Abb. 68 und 69 mit denen in Zusammenstellung 4 ergibt. Hierbei ist der Einfluß der Größe und Lage des Querschnitts der Proben von Bedeutung. Außerdem wird damit aufmerksam gemacht, daß Richtlinien für die Entnahme der Proben zu Abnahmeversuchen nötig sind. Vgl. auch die Fußnote S. 7.

Zusammenstellung 13.

Auszug aus den Beobachtungen, die beim Schweißen der Halsnähte des Trägers 7 nach Abb. 66 (Reihe 1 der Gruppe I b) gemacht worden sind. Bezeichnung der Schweißlagen nach Abb. 70.

1	2	3	4	5	6	7
Tag	Schweißlage (vgl. hierzu Abb. 70)	Zeit	Beobachtungen	Schweißgeschwindigkeit m/min	Temperatur des Stegansatzes nahe der Halsnaht des Zuggurts vor Beginn der Schweißung[1] °C	Temperatur der Luft am Versuchsträger °C
14. 9. 38	1	15^{00}—18^{43}	Heften der Schweißfugen gemäß Schweißplan der Maschinenfabrik Eßlingen vom 20. 8. 38. Heftstellen reißen. Zwei Elektroden nach links, dann eine Elektrode nach rechts abgeschmolzen; anschließend abwechselnd nach links und nach rechts geschweißt.	0,121—0,197	$+0,3$ bis $+2,4$	19—21
15. 9. 38	1	11^{45}—14^{00}	Die am Vortage unterbrochenen Schweißarbeiten an der 1. Lage werden beendigt. Darauf werden die aufgerissenen Stellen der Schweißnaht ausgekreuzt und wieder zugeschweißt.	0,143	$-1,3$ bis $+0,5$	16—18
15. 9. 38	2	15^{05}—15^{30}	Eine Elektrode etwa von Trägermitte nach links, dann eine Elektrode von links nach rechts bis zur Endstelle der 1. Elektrode abgeschmolzen; darauf fortlaufend dem linken bzw. dem rechten Trägerende zugeschweißt.	0,146—0,156	$-0,8$ bis $+0,8$	—
15. 9. 38	3	16^{10}—16^{35}	Schweißer I beginnt etwa in der Trägermitte und schweißt nach rechts außen; Schweißer II beginnt am linken Trägerende und schweißt der Mitte zu.	—	$+1,3$	—
15. 9. 38	4	16^{44}—17^{10}	Schweißer I beginnt in der Mitte und schweißt nach rechts außen; Schweißer II beginnt am linken Trägerende und schweißt der Mitte zu.	—	$+1,3$ bis $+2,6$	—
16. 9. 38	5	14^{22}—15^{07}	Träger um 180° gedreht. Der Träger zeigt in der Nähe der Naht im Obergurt Anlauffarben. Fließlinien an den Enden der Aussteifungen. Anfang am Trägerende bei Aussteifung P. Schweißrichtung zum anderen Trägerende hin.	0,165—0,173	$-1,3$ bis $+1,0$	—
16. 9. 38	6	14^{26}—15^{05}	Anfang und Richtung wie bei Schweißlage 5.	0,188—0,206	—	—
16. 9. 38	7	15^{16}—16^{10}	Anfang am Trägerende bei Aussteifung P. Schweißrichtung zum anderen Trägerende hin. Schweißung unterbrochen; darauf fortlaufend vom Trägerende bei Aussteifung A zum anderen Trägerende hin geschweißt.	—	—	rd. 18
16. 9. 38	8	17^{32}—18^{13}	Anfang am Trägerende bei Aussteifung A, dann fortschreitend zum Trägerende bei Aussteifung P geschweißt.	0,173—0,215	$+1,3$ bis $+2,6$	—
19. 9. 38	9	12^{12}—17^{30}	Von Trägermitte nach links und nach rechts geschweißt. Wartezeit nach jedem Schweißstab bis Abkühlung erfolgt ist.	0,143—0,166	—	19—22
19. 9. 38	10	17^{40}—19^{25}	Von der Trägermitte aus zuerst nach rechts, darauf nach links geschweißt.	—	—	—
20. 9. 38	11	9^{20}—14^{15}	Etwa von der Trägermitte nach links und nach rechts geschweißt.	0,165—0,170	0 bis $+3,4$	17—21
20. 9. 38	12	14^{53}—15^{17}	Von der Trägermitte nach links und nach rechts geschweißt. Nach Entfernung der Eispackung war der Träger an den Enden des Obergurtes noch handwarm.	—	—	—

Beim Schweißen der letzten Lagen am Untergurt mußte der Probekörper eben gelegt werden. Dabei war nicht zu erreichen, daß kein Wasser an die heiße Schweißnaht kam. Das Wasser wurde so gut wie möglich von der Schweißnaht abgehalten.

---

[1] Träger wurde mit Eiskühlung geschweißt. Lage der Temperaturmeßstellen siehe Abb. 7.

Zusammenstellung 14.

Träger der Gruppe Ib nach Abb. 66 und 72 (Gurte aus Stegprofilen). Spannungen, die in den Stegblechaussteifungen aus IP 10 beim Schweißen entstanden sind, berechnet aus den Längenänderungen der 200 mm langen Meßstrecken in der Mitte der Außenflächen der Aussteifungen.

1	2	3	4	5	6	7	8	9	10	11	12	13	14	15
Reihe	Bezeichnung der Versuchsträger	Bezeichnung der Aussteifungen	_colspan4: Nach dem Festschweißen der Aussteifungen auf dem Stegblech				_colspan4: Nach dem Zusammenschrauben der Träger				_colspan4: Nach dem Schweißen der Gurtnähte			
			Einzelwerte	Mittelwerte			Einzelwerte	Mittelwerte			Einzelwerte	Mittelwerte		
			kg/mm²	kg/mm²	kg/mm²	kg/mm²	kg/mm²	kg/mm²	kg/mm²	kg/mm²	kg/mm²	kg/mm²	kg/mm²	kg/mm²
Ib, 1 (mit eingeklemmten Aussteifungen)	7	1					—3,1	—4,7			—20,2	—24,9		
		2					—6,3				—29,6			
		3					—4,2	—2,8			—24,8	—26,1		
		4					—1,5		—3,1	—3,8	—27,5		—26,6	—25,8
		5					—3,4	—3,4			—25,0	—27,1		
		6					—3,4				—29,2			
		7					—4,4	—4,3			—21,0	—25,1		
		8					—4,2				—29,2			
Ib, 2 (mit Beiplättchen)	10	1	+1,7	+1,1			+2,1	+1,8			+0,8	+0,4		
		2	+0,6				+1,5				+0,1			
		3	+1,0	+0,4			+2,5	+1,6			+0,8	—0,1		
		4	—0,2		+0,7	+0,9	+0,8		+1,8	+1,9	—1,0		+0,1	+0,4
		5	+1,0	+1,0			+2,1	+2,0			+0,4	+0,3		
		6	+1,0				+1,9				+0,2			
		7	+1,3	+1,1			+2,1	+2,1			+1,3	+0,8		
		8	+1,0				+2,1				+0,4			

als das Wulstprofil besaß und daß der Querschnitt der Halsnaht bei Anwendung des Stegprofils kleiner blieb[1].

Im übrigen sei auf das unter 4e (S. 13f.) Gesagte verwiesen.

Abb. 72 enthält die Feststellungen am Träger 10. Diese Zeichnung ist mit Abb. 10 zu vergleichen. Auch hier zeigt sich, daß die Gurte aus Stegprofilen gemäß Abb. 72 beim Schweißen weniger verformt wurden als die Gurte aus Wulstprofilen.

---

[1] Vgl. dazu Abb. 29, 35 und 36 mit Abb. 75 und 83.

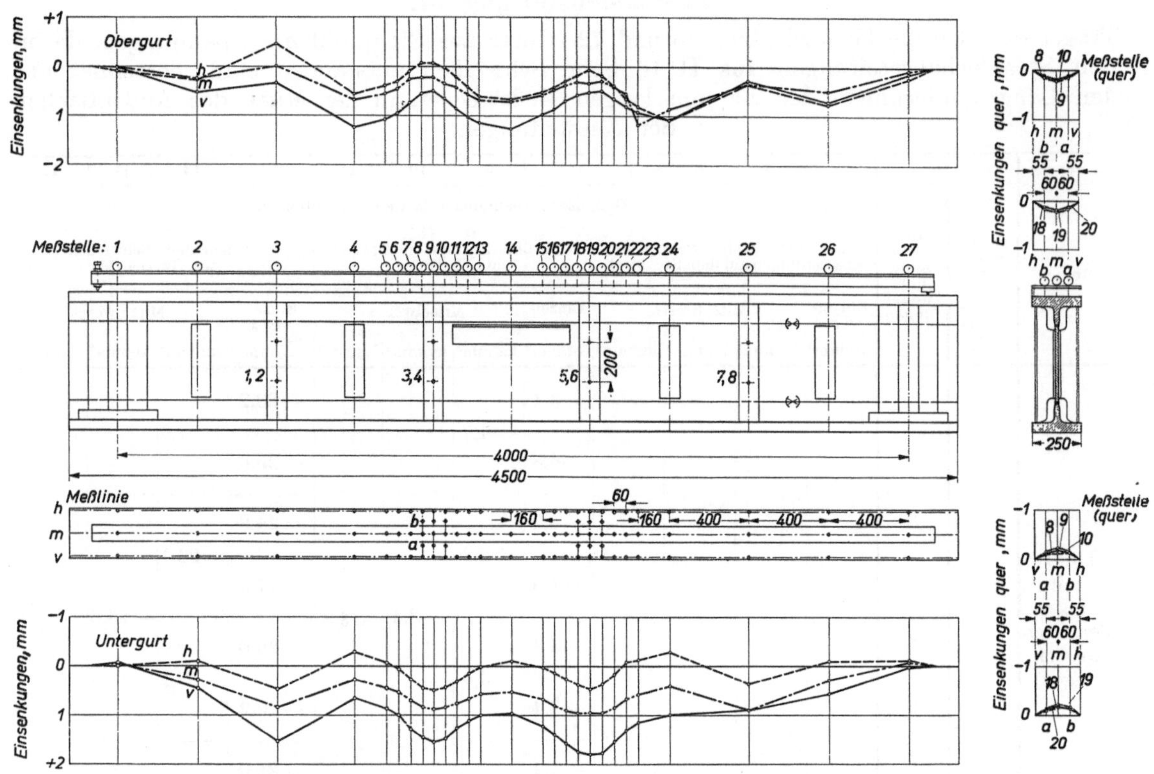

Abb. 71. Verformung der Gurte des Trägers 7 nach Abb. 66 durch das Schweißen.

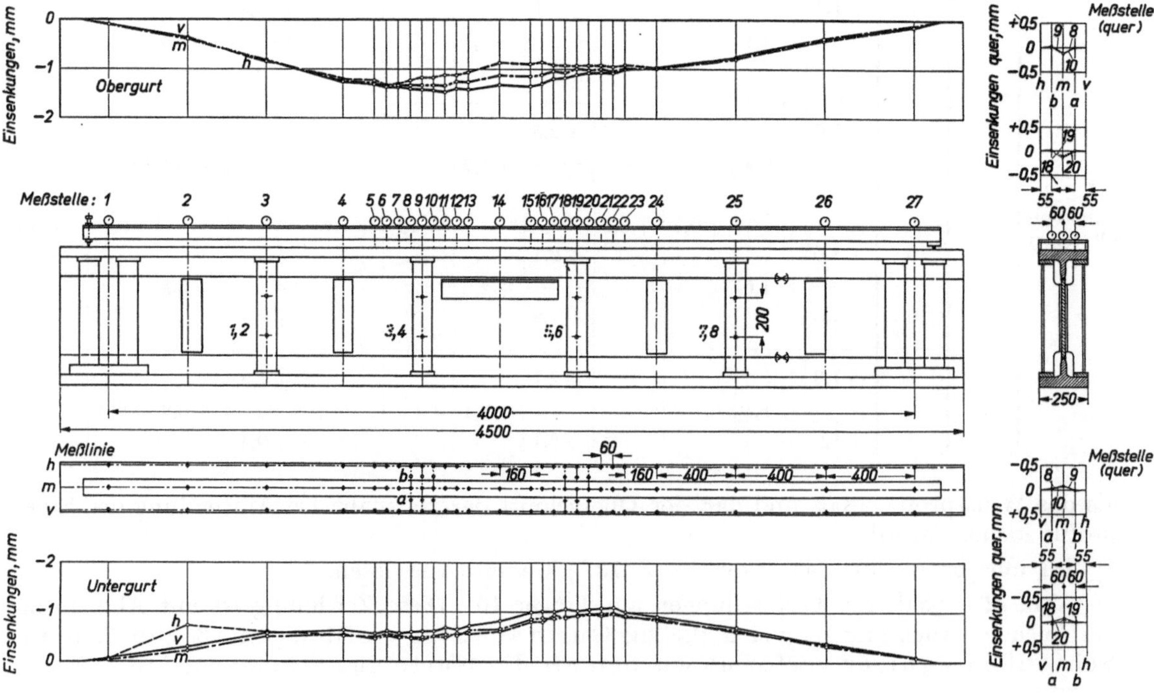

Abb. 72. Verformung der Gurte des Trägers 10 durch das Schweißen.

f) Allgemeines über den Zustand der Träger 7 bis 10 vor der Prüfung.

Hier gilt sinngemäß das unter 4f (S. 16) Gesagte.

g) Die Prüfung der Träger 7 bis 10.

Von den 4 Trägern wurden 3, nämlich die Träger 7 bis 9, dem Biegeversuch unterworfen.

Die Anordnung der Belastungsstellen war wie bei den schon beschriebenen Versuchen unter 4g (vgl. dazu Abb. 66 und 67 mit Abb. 3 bis 5).

Die Belastung erfolgte beim Träger 7 durch 1000 Lastspiele von $\sigma_b = 2\ \text{kg/mm}^2$ bis $\sigma_b = 30\ \text{kg/mm}^2$, und zwar 500mal ohne Kühlung des Zuggurts, dann 500mal mit Kühlung des Zuggurts. Die Kühlung erfolgte wie früher (vgl. unter 4g und Abb. 15); die Temperatur des Zuggurts während der Kühlung betrug -8 bis $-25°$ C.

Die Träger 8 und 9 sind stufenweise belastet worden, so wie dies in Spalte 8 des Zusammenstellung 2 angegeben ist. Hiernach ist bei diesen Trägern die Stufe $\sigma_b = 30\ \text{kg/mm}^2$ 500mal und die Stufe $\sigma_b = 41,2\ \text{kg/mm}^2$ 200mal bzw. 500mal wiederholt worden. Die Träger 8 und 9 wurden bei Zimmertemperatur geprüft.

Bei allen 3 Trägern sind die Durchbiegungen gemessen worden. Außerdem wurden die Träger auf jeder Laststufe nach Strecklinien abgesucht (vgl. dazu Zusammenstellung 8 und auch Fußnote 1, S. 17).

Nach den Biegeversuchen sind die Träger 7 bis 9 wie früher zerlegt worden, um den Zustand der Halsnähte zu untersuchen (vgl. dazu unter 4g, S. 17 u. 18).

Der Träger 10 ist vorläufig zurückgelegt worden.

h) Einsenkungen der Träger 7 bis 9.

Abb. 73 gibt über die Einsenkungen des Trägers 7 Auskunft, die bei $\sigma_b = 30\,\text{kg/mm}^2$ zunächst mit gewöhnlicher Temperatur, dann mit abgekühltem Zuggurt beobachtet wurden. Durch die Abkühlung des Zuggurts ist die vorher gemessene bleibende Einsenkung verschwunden; die federnde Einsenkung änderte sich dabei nur wenig.

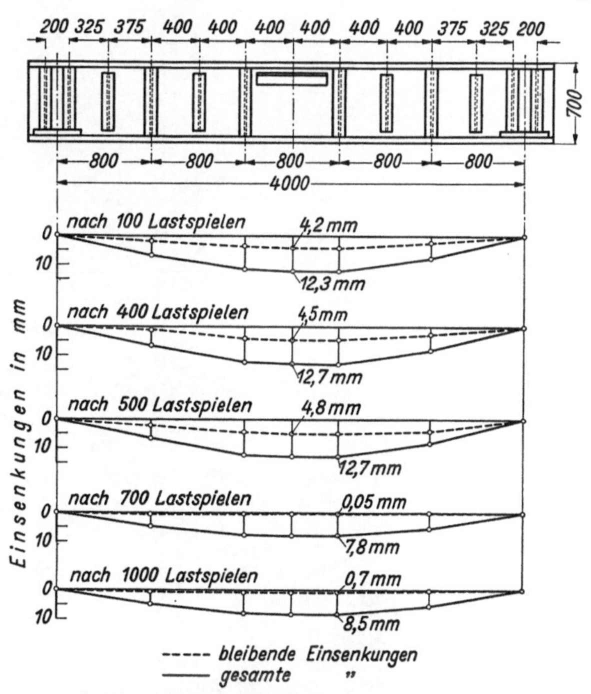

Zahl der Lastspiele	Temperaturen	
	in der Zugzone °C	am Druckgurt °C
100	+19	+19
400	+17	+17
500	+17	+17
700	-22	+18
1000	-12	+17

Abb. 73. Einsenkungen des Trägers 7 nach Abb. 66. Randspannung $\sigma = 30\,\text{kg/mm}^2$.

Die federnde Einsenkung ist gemessen worden

	beim Träger 7	8	9
bei $\sigma_b = 30\ \text{kg/mm}^2$ nach 500 Lastspielen zu . . .	7,9	8,1	7,9 mm
bei $\sigma_b = 41,2\ \text{kg/mm}^2$ nach 200 Lastspielen zu . .	—	11,7	11,2 mm
nach 500 Lastspielen zu . .	—	—	11,5 mm
bei $\sigma_b = 50\ \text{kg/mm}^2$ nach 2 Lastspielen zu	—	—	14,1 mm

Die bleibende Einsenkung fand sich

	beim Träger 7	8	9
bei $\sigma_b = 30\ \text{kg/mm}^2$ nach 500 Lastspielen zu . . .	4,8	15,3	33,0 mm
bei $\sigma_b = 41,2\ \text{kg/mm}^2$ nach 200 Lastspielen zu . .	—	75,0	59,7 mm
nach 500 Lastspielen zu . .	—	—	60,6 mm
bei $\sigma_b = 50\ \text{kg/mm}^2$ nach 2 Lastspielen zu	—	—	115,2 mm

Hiernach waren bereits unter $\sigma = 30\ \mathrm{kg/mm^2}$ erhebliche bleibende Einsenkungen vorhanden. Die bleibende Einsenkung nahm unter höheren Lasten bedeutend zu; die Träger 8 und 9 erwiesen sich als sehr bildsam. Abb. 74 zeigt den Träger 9 nach dem Biegeversuch.

Am Träger 8 traten die großen bleibenden Einsenkungen früher auf, weil der Druckgurt dieses Trägers irrtümlich aus einem Stück gefertigt war, das aus St 44 bestand.

Abb. 74. Träger 9, Gruppe I b, Bauart nach Abb. 67. Zustand nach dem Biegeversuch.
Höchstlast 791 500 kg.

i) Strecklinien, die beim Biegeversuch auf den Trägern beobachtet wurden.

Hierzu gibt Zusammenstellung 8 Auskunft[1].

k) Höchstlasten der Balken 8 und 9.

Der Träger 8 ist bei einer Höchstrandspannung von $41,2\ \mathrm{kg/mm^2}$ nach 200 Lastspielen weitgehend verformt gewesen; der Versuch wurde dann abgebrochen. Die Ursache des Nachgebens war der zu geringe Widerstand des Druckgurts, der irrtümlich aus St 44 bestand.

---

[1] Hierzu wird in einem späteren Bericht Stellung genommen.

Der Träger 9 trug bedeutend höhere Lasten; die Höchstrandspannung war 52,8 kg/mm²,
fast das gleiche, was bei dem Träger 2 der Gruppe I a festgestellt worden ist[1].

An dem Träger 8 waren bis zum Schluß des
Versuchs keinerlei Risse oder andere Anzeichen
der Zerstörung äußerlich zu bemerken. Am Träger 9 ist bei der Treffstelle der Stumpfnaht des
Stegblechs mit der Halsnaht eine Fehlstelle bemerkt worden, die am Schluß des Versuchs als
kleiner Riß erschien.

Hiernach war wie bei den Trägern der Gruppe I a
folgendes festzustellen:

*α) Die Träger 8 und 9 mit eingeklemmten Aus-
steifungen erreichten die Grenze ihrer Tragfähigkeit
durch weitgehende Verformung unter Randspannungen, die weit über der Fließgrenze des Stahls
lagen.*

*β) Auch durch oftmalige Belastung mit Rand-
spannungen, die bedeutend über der zulässigen lagen,
war kein Bruch aufgetreten.*

l) Gefüge der Halsnähte.
Härte des Schweißguts.

Bei den Trägern 7, 8 und 9 ist das Gefüge des
Werkstoffs im Bereich der Halsnaht untersucht
worden. Abb. 75 bis 84 geben kennzeichnende
Einzelheiten aus den Querschnitten der Zugzone

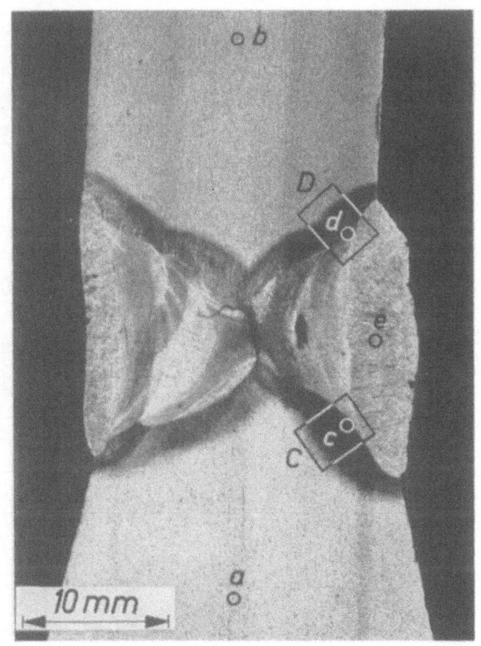

Abb. 75. Querschnitt der Halsnaht in der Zugzone des Trägers 7 mit Bauart nach Abb. 66.

der Träger 7 und 8. Man sieht zunächst aus Abb. 75 und 83, daß im Grund der Schweißnaht erhebliche Mängel angetroffen wurden; auch große Poren sind freigelegt worden.

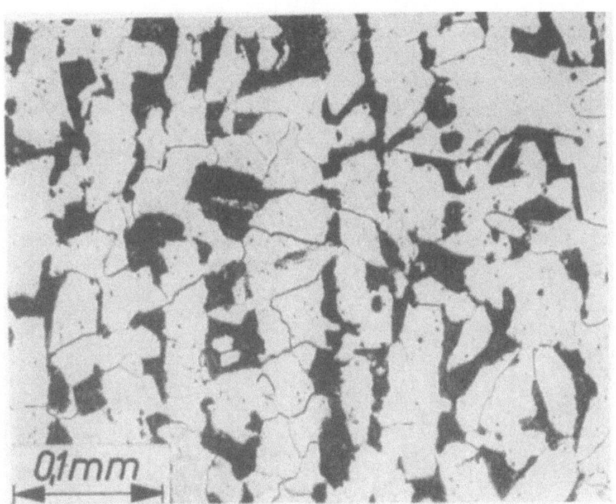

Abb. 76. Gefüge des Werkstoffs im Zuggurt
des Trägers 7; in Abb. 75 bei *a*.

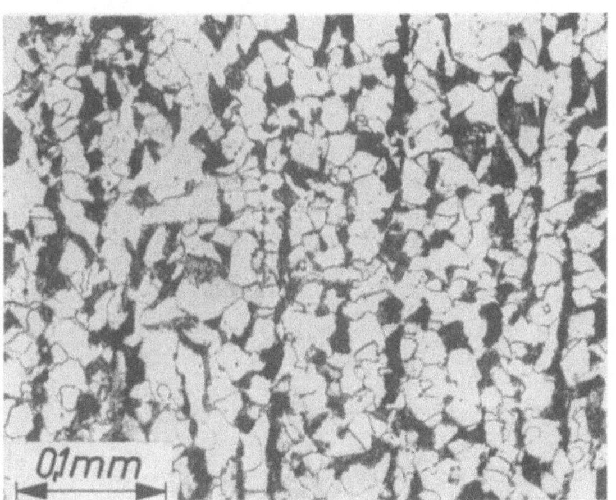

Abb. 77. Gefüge des Werkstoffs im Stegblech
des Trägers 7; in Abb. 75 bei *b*.

Im Übergang der Schweißnaht zum Zuggurt und zum Stegblech sind wie früher ausgeprägt harte Stellen gefunden worden. Die Rollhärte ist in den Übergangszonen

---

[1] Die Fließgrenze σ_{zF} des Stahls in den Gurten betrug bei Außerachtlassung des Stegansatzes

beim Träger 8 im Druckgurt	23,5 bis 29,6,	im Mittel 27,3 kg/mm²
im Zuggurt	25,3 bis 27,9,	im Mittel 26,6 kg/mm²
beim Träger 9 im Zuggurt	25,6 bis 29,0,	im Mittel 27,6 kg/mm².

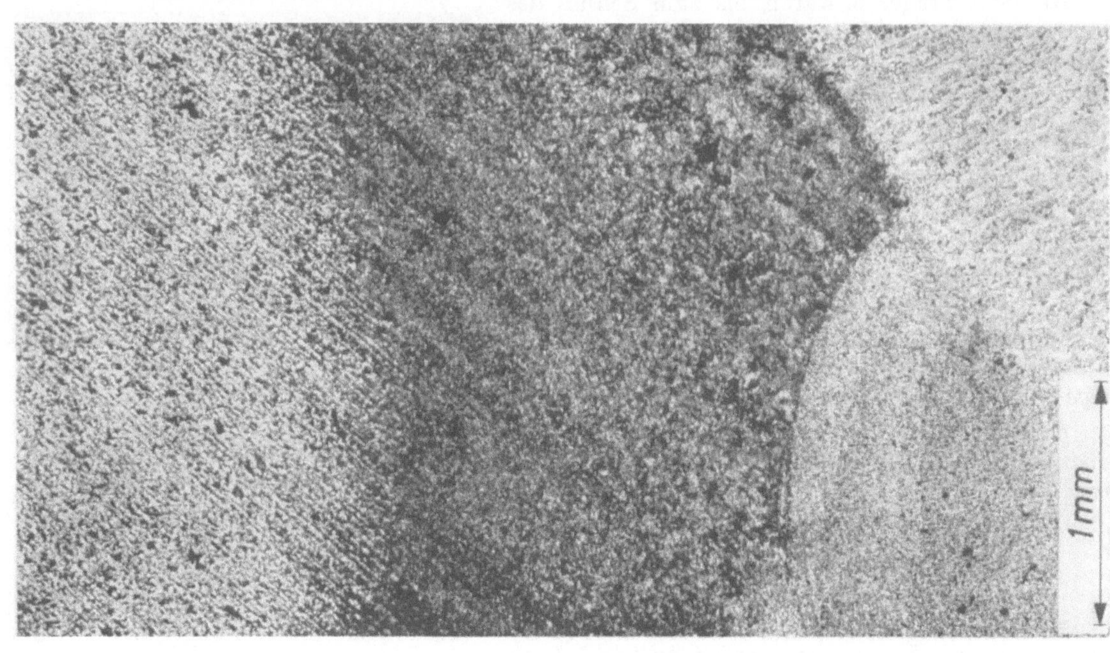

Abb. 79. Gefüge des Werkstoffs bei der Halsnaht der Zugzone des Trägers 7, im Übergang zum Stegblech, in Abb. 75 bei *D*.

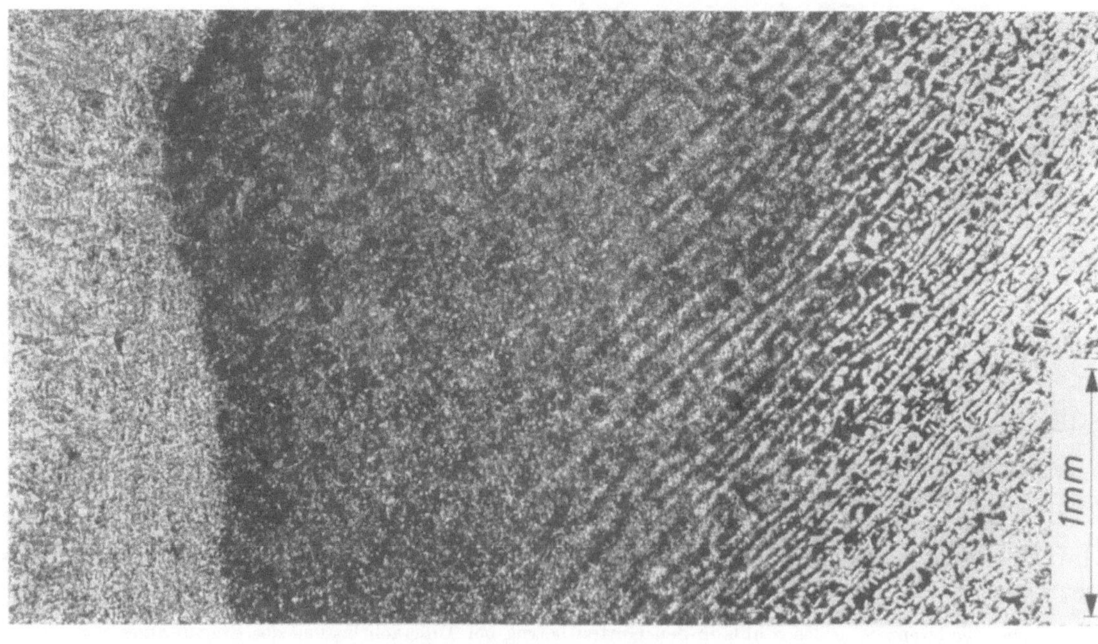

Abb. 78. Gefüge des Werkstoffs bei der Halsnaht der Zugzone des Trägers 7, im Übergang zum Steganschluß des Zuggurts; in Abb. 75 bei *C*.

im Mittel nicht kleiner geblieben als bei den Balken 1 bis 6 der Gruppe Ia, wie die folgenden Zahlenreihen zeigen[1].

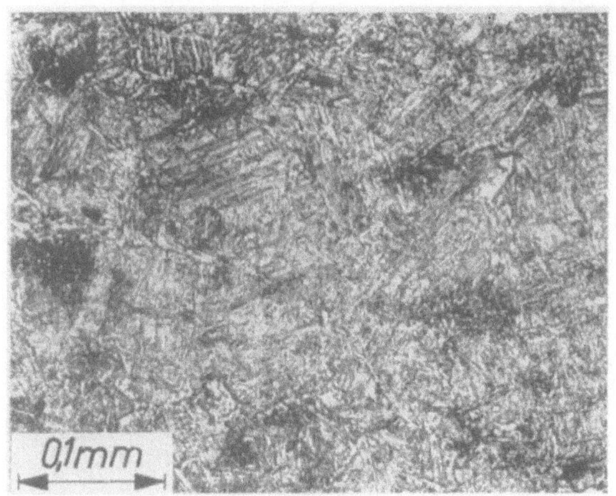

Abb. 80. Gefüge im Übergang von der Halsnaht zum Stegansatz des Zuggurts des Trägers 7, in Abb. 75 bei *c*.

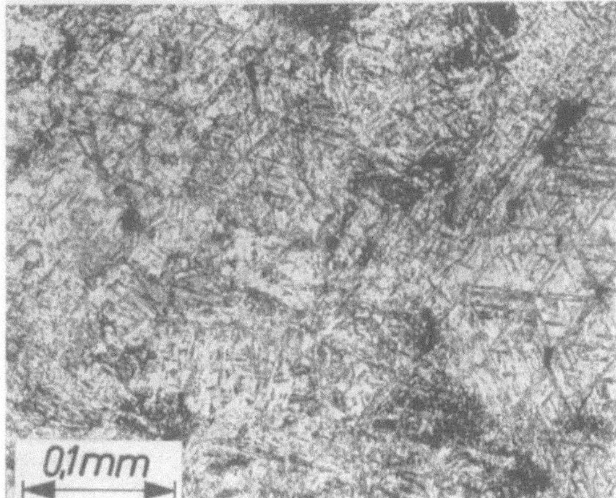

Abb. 81. Gefüge im Übergang von der Halsnaht zum Stegblech der Zugzone des Trägers 7, in Abb. 75 bei *d*.

Größte Härte im Übergang der Halsnaht zur Zugzone

bei den Trägern 1	2	3	4	5	6	7	8	9
zu 335	335	290	330	300	250	275	350	375 kg/mm²

m) Querrisse in den Halsnähten der Träger 7 bis 9.

Aus den Halsnähten der Träger 7 bis 9 wurden die in Zusammenstellung 10 und Abb. 16 angegebenen Proben entnommen und schichten-

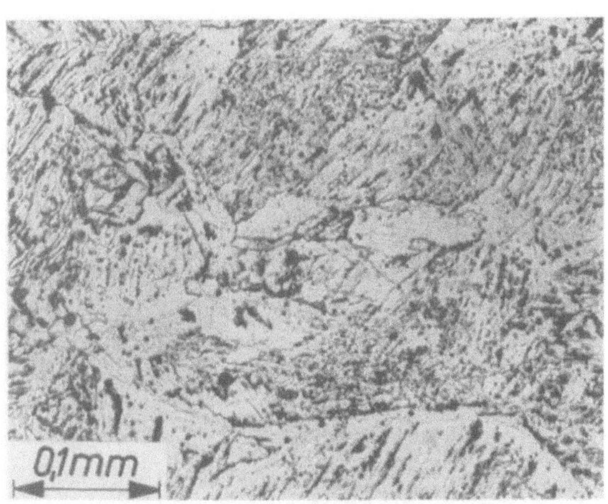

Abb. 82. Gefüge im Schmelzgut der Halsnaht der Zugzone des Trägers 7, in Abb. 75 bei *e*.

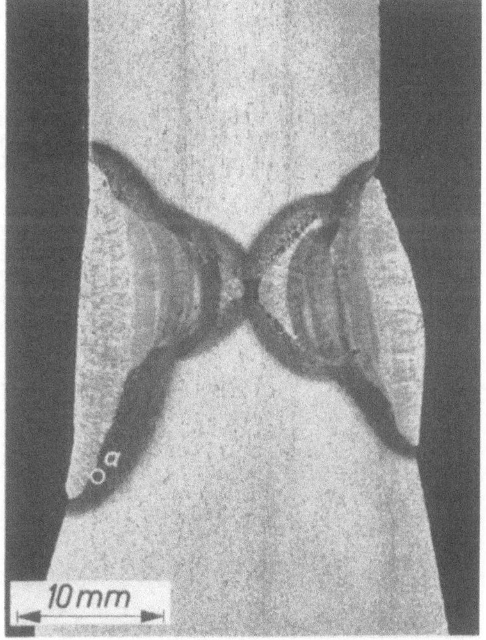

Abb. 83. Querschnitt durch die Halsnaht der Zugzone des Trägers 8 mit Bauart nach Abb. 67.

weise auf das Vorhandensein von Querrissen untersucht, so wie dies S. 18 beschrieben ist.

---

[1] Die Herstellung der Träger 7 bis 9 geschah in Eßlingen; die Träger 1 bis 6 sind in Derne geschweißt worden.

Abb. 84. Gefüge im Übergang von der Halsnaht zum Stegansatz des Zuggurts des Trägers 8, in Abb. 83 bei *a*.

Abb. 85. Abschnitt 5 (Längsschnitt) aus der Halsnaht der Zugzone des Trägers 8. Zustand, nachdem seitlich 7,5 mm abgehobelt waren. In der Übergangszone zum Stegblech sind 6 Risse *a* bis *f* sichtbar.

Abb. 88. Riß bei *d* in der Halsnaht der Zugzone des Trägers 8, vgl. Abb. 85.

Abb. 86. Riß bei *a* in der Halsnaht der Zugzone des Trägers 8, vgl. Abb. 85.

Abb. 87. Riß bei *b* in der Halsnaht der Zugzone des Trägers 8, vgl. Abb. 85.

Die Proben aus dem Träger 7, der beim Biegeversuch als höchste Randspannung $\sigma_b = 30\ \text{kg/mm}^2$ ertragen hatte und am Rand des Halsnahtwulstes bis $\sigma_b = 18\ \text{kg/mm}^2$ beansprucht worden ist, waren ohne Querrisse.

Abb. 89. Querrisse in der Halsnaht des Zuggurts des Trägers 9, Abschnitt 5. Zustand, nachdem die Halsnaht vorn angeschliffen war.

Eine Probe aus der Zugzone des Trägers 8, bei dem die Randspannung bis 41,2 kg/mm² und die Anstrengung am Rand des Halsnahtwulstes rd. 24 kg/mm² betragen hatte, war rissig, vgl. Zusammenstellung 10, sowie Abb. 85 bis 88. Eine Probe aus der Druckzone des Trägers 8 wurde rißfrei gefunden.

Drei Proben aus der Zugzone des Trägers 9 und eine Probe aus der Druckzone dieses Trägers ($\sigma_{b\,\text{max}} = 52,8\ \text{kg/mm}^2$, am Rand des Halsnahtwulsts σ_b bis 31 kg/mm²) wiesen viele kleine Querrisse auf. In Abb. 89 bis 91 sind solche Risse aus der Zugzone und aus der Druckzone des Trägers 9 dargestellt.

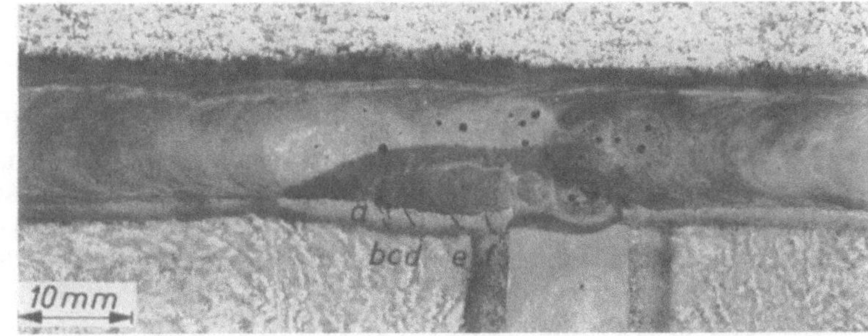

Abb. 90. Abschnitt 5 (Längsschnitt) aus der Halsnaht der Druckzone des Trägers 9. Zustand, nachdem seitlich (hinten) 3 mm abgehobelt waren. In der Übergangszone zum Stegblech sind 6 Querrisse a bis f sichtbar.

Aus den Feststellungen an den Trägern 7 bis 9 ergibt sich, daß die Halsnähte auf den Stegprofilen rißfrei befunden wurden, wenn die Anstrengung am Rand der Halsnaht unter $\sigma_b = 18\ \text{kg/mm}^2$ blieb (Träger 7); wenige Risse sind gefunden worden, wenn diese Anstrengung rd. 24 kg/mm² betrug (Träger 8); zahlreiche Risse fanden sich nach weitgehender Verformung des Trägers unter sehr hohen Randspannungen (Träger 9).

Beim Vergleich dieser Feststellungen an Trägern mit Stegprofilen mit denen unter 4, m mit Wulstprofilen ist wesentlich, daß die Träger mit Wulstprofilen schon vor ihrer Belastung Querrisse enthielten, während die Träger mit Stegprofilen erst mit steigender Last über den zulässigen Anstrengungen rissig geworden sind. Mit dem Stegprofil ist es also gelungen — im Gegensatz zu den Versuchen mit dem Wulstprofil — eine rißfreie Naht herzustellen; überdies wurde die Naht am Stegprofil erst über den praktisch anzuwendenden Anstrengungen rissig[1].

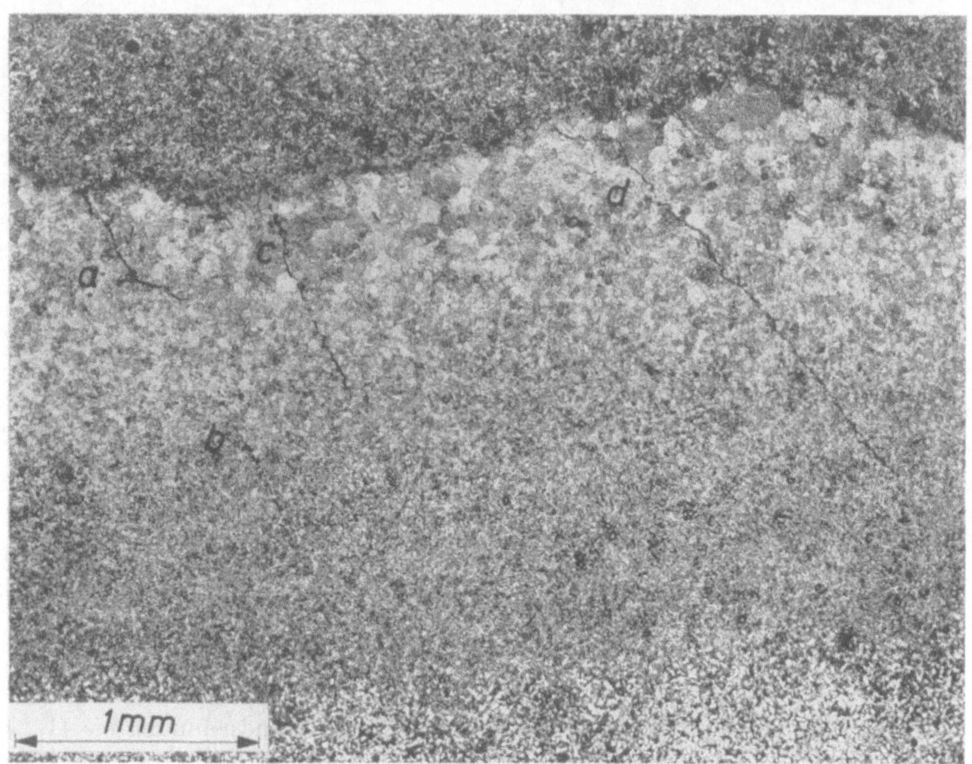

Abb. 91. Risse *a* bis *d* in der Halsnaht der Druckzone des Trägers 9, vgl. Abb. 90.

6. Versuche mit Stücken aus gebrochenen Versuchsträgern.

A. Versuche mit Reststücken aus dem Versuchsträger VII A[2].

Der Versuchsbericht von K. Schreiner enthält über diesen Träger folgendes:
„Trägerhöhe 650 mm; Trägerlänge 3400 mm; Gurte 180 × 24 mm mit Nase, herausgearbeitet aus Nasenprofilen 360 × 26 mm aus St 52 der Dortmunder Union; Stegbleche 492 mm hoch und 12 mm dick, aus St 52. Schweißung der Halsnähte automatisch in einer Lage mit Schweißstäben Böhler BE 18, von der Trägermitte nach außen. Stegblechaussteifungen 80 × 16 mm und 80 × 15 mm aus St 52 in der Trägermitte unter der Laststelle, sowie rd. 750 und 1500 mm links und rechts davon; Stegblechaussteifungen erst nach dem Schweißen der Halsnähte angeschweißt. Chemische Bestandteile des Werkstoffs der Gurte (Nasenprofile 180 × 24 mm): 0,18 % C, 1,01 % Mn, 0,28 % Si, 0,029 % P, 0,032 % S, 0,46 % Cu, 0,36 % Cr. Chemische Bestandteile des Werkstoffs der Stegbleche: 0,18 % C, 0,99 % Mn, 0,30 % Si, 0,035 % P, 0,024 % S, 0,47 % Cu, 0,33 % Cr. Prüfung des Versuchsträgers auf Biegung bei 3000 mm Auflagerentfernung und mittiger Belastung. Bruch des

---

[1] Allerdings ist dabei zu beachten, daß die Eigenschaften der Werkstoffe der beiden Trägerarten etwas abweichen. Vgl. S. 40 und 41, sowie Zusammenstellung 4.

[2] Beschrieben von K. Schreiner im Stahlbau Bd. 11 (1938) S. 156 f.

Versuchsträgers etwa in der Trägermitte bei einer rechnungsmäßigen Randspannung von 54 kg/mm².“

Da es sich hier um den seltenen Fall handelte, daß ein geschweißter Träger aus St 52 beim Versuch brach, wenn auch bei sehr hohen Randspannungen, so schien es geboten, den Zustand des Werkstoffs an der Bruchstelle weitergehend zu untersuchen.

Abb. 92. Bruchquerschnitt des Trägers VII A.

a) Aussehen der Bruchfläche. Abb. 92 und 93 zeigen die Bruchfläche. Augenscheinlich ist der Bruch von den Halsnähten ausgegangen. In der Nähe der Bruchstelle bei a in Abb. 93 lag bei der Halsnaht eine Unregelmäßigkeit der Schweißnaht, die wahrscheinlich beim Wechsel des Schweißstabs entstand.

b) Gefüge im Querschnitt der Halsnaht. Härte in den Übergangszonen. Abb. 94 zeigt das Grobgefüge im Querschnitt der Halsnähte. Neben den Schweißnähten waren bei r_1, r_2 und r_3 feine Längsrisse, die bis 0,5 mm Tiefe reichten.

Die Kugeldruckhärte wurde im Übergang der Halsnaht zum Zuggurt zu $H = 174$ kg/mm², im Übergang zum Stegblech zu 250 kg/mm² ermittelt.

c) Zustand der harten Zonen im Übergang der Halsnaht zum Zuggurt und Stegblech. In rd. 100 bis rd. 120 cm Abstand von einem Balkenende, d. i. in einem Gebiet, in dem die Anstrengung beim Biegeversuch rd. 28 bis 34 kg/mm² betrug, wurden zwei je 10 cm lange Stücke entnommen, die die Halsnähte enthielten.

Abb. 93. Bruchquerschnitt des Trägers VII A, vgl. auch Abb. 92.

Das eine der beiden Stücke wurde von oben, also vom Stegblech her, das andere von den Seiten her in 1,5 mm hohen Schichten abgearbeitet und in jeder Schichtfläche poliert. In beiden Proben fanden sich im Übergang der Schweißnaht zum Stegblech bzw. zum Zuggurt viele kurze Querrisse. Abb. 95 zeigt solche Risse im Übergang der Schweißnaht zum Zuggurt, 0,5 mm von der Schweißraupe entfernt.

d) Faltversuche mit Proben aus dem Zuggurt des Trägers. Hierzu wurden dem Zuggurt zwei 700 mm lange Stücke entnommen; die Nase für das Stegblech wurde abgehobelt, damit entstanden Breiteisen von 180 mm Breite und 24 mm Dicke. In die Mitte der bearbeiteten Breitseite wurde der Länge nach eine Halbkreisnut von 4 mm Tiefe und 8 mm Breite gefräst; in die Nut wurde eine Schweißraupe gelegt unter Verwendung von dickummantelten Schweißstäben „Kjellberg St 52 A" mit 5 mm Dmr. Die Spannung des Gleichstroms betrug 20 bis 28 Volt, die Stromstärke 180 bis 192 A, die Schweißgeschwindigkeit im Mittel 12 cm/min.

Mit dem unter 8 beschriebenen Biegeversuch (Auflagerabstand 12 $t = 288$ mm, Belastung in der Mitte mit einer Walze von 72 mm Dmr., Schweißraupe in der Zugzone) fand sich folgendes:

Bleibender Biegewinkel bei Beobachtung des 1. Anrisses
    in der Raupe 13   und 9,5°
Bleibender Biegewinkel beim Bruch 30   und 29°
Höchstlast beim Bruch . . . . 13,9 und 13,8 t.

Dieses Ergebnis wird unter 8, S. 83 und 84 erörtert.

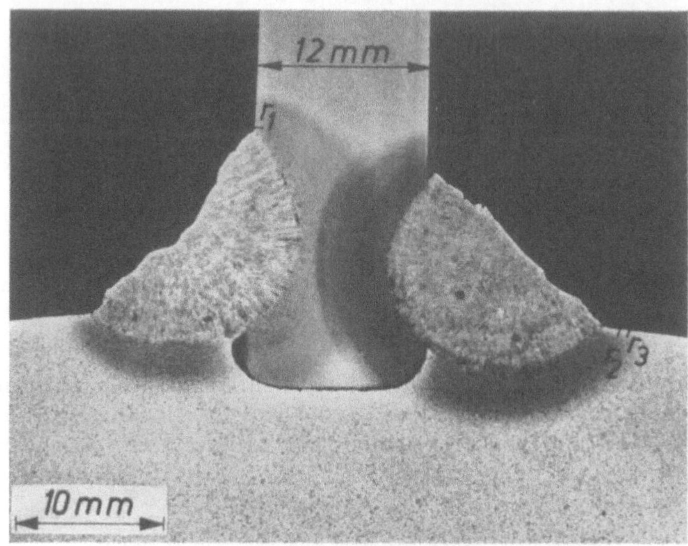

Abb. 94. Querschnitt durch die Halsnähte am Zuggurt des Trägers VII A, rd. 2 cm von der Bruchstelle entfernt.

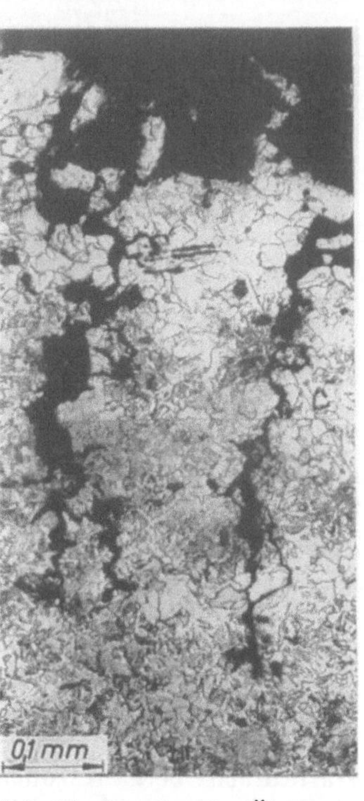

Abb. 95. Querrisse im Übergang der Halsnaht zum Zuggurt, festgestellt im Träger VII A.

B. Versuche mit Reststücken aus dem Versuchsträger „M 52".

Der Versuchsträger „M 52", Abb. 96, ist zur Nachprüfung der Tragfähigkeit einer Brücke geliefert worden. Im einzelnen kann über die Bauart des Trägers folgendes mitgeteilt werden.

Trägerhöhe rd. 800 mm, Trägerlänge 6500 mm; Gurte 300 × 42,4 mm, Stegbleche 717 mm hoch und 12,6 mm dick; Gurte und Stegblech aus St 52. Die Halsnähte waren Kehlnähte, hergestellt mit Schweißstäben „Böhler-B Elite 18". Die Stegblechaussteifungen waren über den Auflagern 144 mm breit und 30 mm dick, unter den Laststellen 120 mm breit und 15 mm dick. Die Gurte waren nahe der Balkenmitte gestoßen und stumpf geschweißt, die Stöße mit Laschen gemäß Abb. 96 verstärkt.

Proben aus dem Zuggurt lieferten im Mittel die Streckgrenze zu 32,8 kg/mm², die Zugfestigkeit zu 54,3 kg/mm², die Bruchdehnung zu 24 % und die Querschnittsverminderung zu 60 %.

Die Prüfung des Versuchsträgers erfolgte auf Biegung bei 6000 mm Auflagerentfernung. Die Belastung wirkte an 2 Stellen mit 400 mm Abstand; die Laststellen lagen symmetrisch zur Balkenmitte.

Die Belastung erfolgte stufenweise. Die Laststufe mit der rechnerischen Randspannung von $\sigma_b = 22{,}7$ kg/mm² im Querschnitt der Balkenmitte und von $\sigma_{ba} = 30$ kg/mm² in den Querschnitten, die 70 cm außerhalb der Mitte, also außerhalb den Laschen liegen, wurde 1000mal wiederholt.

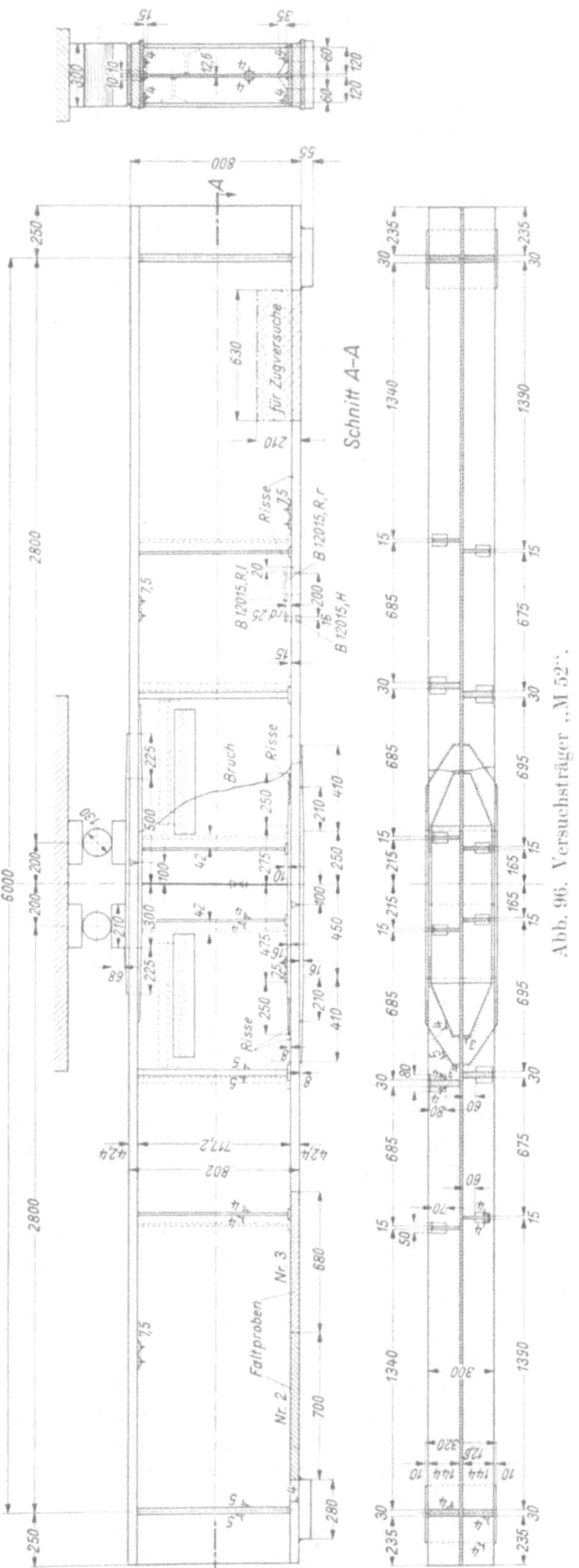

Abb. 96. Versuchsträger „M 52".

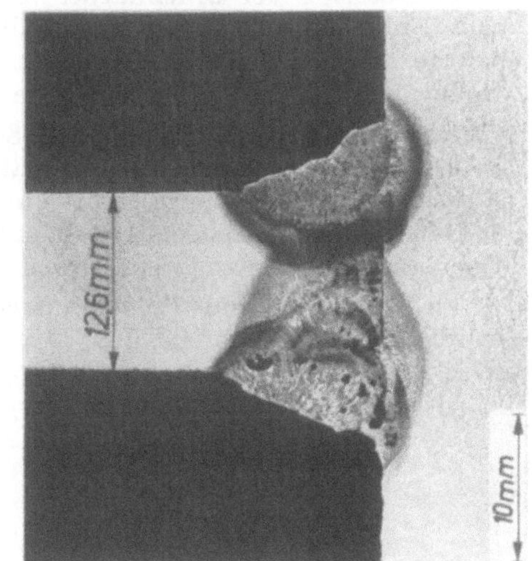
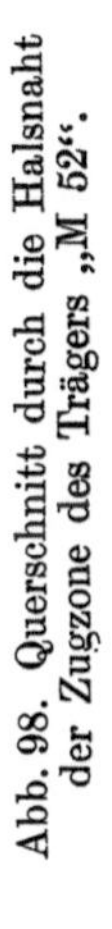

Abb. 98. Querschnitt durch die Halsnaht der Zugzone des Trägers „M 52".

Abb. 97. Bruchfläche des Trägers „M 52".

a) Aussehen der Bruchfläche. Unter der Last mit $\sigma_{ba} = 42\ \mathrm{kg/mm^2}$ brach der Träger nach 1 min plötzlich, 56 cm außerhalb der Mitte. Abb. 97 zeigt die Bruchfläche; der Bruch begann hiernach bei der Halsnaht. Abb. 98 zeigt das Gefüge der Halsnaht; sie enthielt grobe Mängel. Die größte Härte fand sich im Übergang der Schweißnaht zum Gurt zu 345 kg/mm², im Übergang zum Stegblech zu 470 kg/mm².

b) Gefüge der Halsnaht. Die Halsnaht war bei der Bruchstelle mangelhaft geschweißt. Abb. 99 zeigt einen Längsschnitt durch die Halsnaht; bei a, b und c sind Längsrisse sichtbar; das Gefüge erscheint grobstrahlig. In anderen Schnittflächen wurden überdies viele Querrisse im Übergang der Schweißnaht zum Zuggurt oder zum Steg gefunden.

c) Faltversuche mit Proben aus dem Zuggurt. Aus dem Zuggurt des geprüften Trägers wurden zwei 25 cm breite und 66 cm lange Stücke entnommen und an der unteren Breitseite mit einer Schweißraupe belegt, wie unter A d (S. 54) beschrieben. Der Biegeversuch

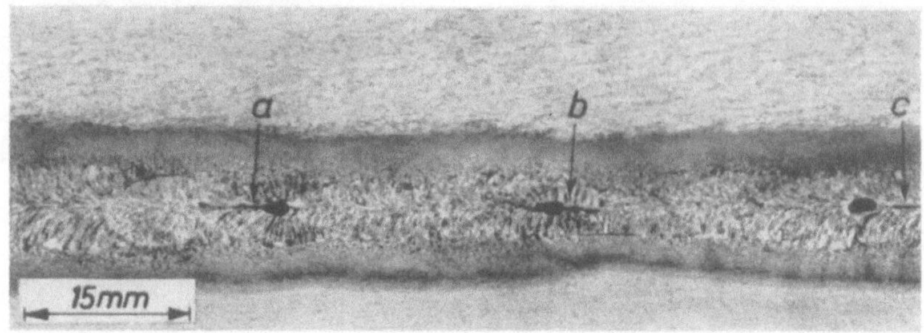

Abb. 99. Abschnitt (Längsschnitt) aus der Halsnaht des Zuggurts des Trägers „M 52". Zustand, nachdem seitlich 7,8 mm abgehobelt waren. Bei a, b und c sind Längsrisse sichtbar.

(lichter Abstand der Auflagerwalzen $6\,t = 6 \times 42 = 252\ \mathrm{mm}$; Belastung in der Mitte mit einer Walze von 126 mm Dmr., Schweißraupe in der Zugzone) lieferte folgendes:

Bleibender Biegewinkel bei Beobachtung des 1. Anrisses in der Raupe . . . .   9 und 10°
Rechnerische Anstrengung σ_b unter der Belastung bei Beobachtung des 1. Anrisses . .   81 und 84 kg/mm²
Bleibender Biegewinkel beim Bruch . . . .   17 und 13°

Weiteres vgl. unter 8.

7. Versuche mit Proben aus der geschweißten Brücke über die Hardenbergstraße in Berlin.

Im November 1938 wurde das in Abb. 100 und 101 dargestellte Stück eines Brückenträgers übergeben zur Feststellung der Eigenschaften des Werkstoffs und der Halsnähte, soweit damit eine Ergänzung der Versuche unter 1 bis 6 und 8 möglich war. Wegen der Bauart der Brücke und wegen der zugehörigen Erfahrungen vgl. Schaper, Bautechnik 1938, S. 649 f. und Kommerell, Bautechnik 1939, S. 161 f.

a) Anstrengungen der Halsnaht am Zuggurt. In dem zwischen a und b in Abb. 101 gelegenen Teil des Zuggurts wurden auf der Halsnaht, ferner an den Rändern der Gurtplatte und der Verstärkungsplatte Meßmarken angebracht, vgl. Abb. 102. Die in 100 mm Abstand angeordneten Marken wurden gemäß Abb. 102 auf Meßlängen von 200 mm verteilt. Die Änderungen der Meßlängen wurden mit einem Setzdehnungsmesser verfolgt.

Nach der 1. Messung (unter Abb. 103 mit a bezeichnet) wurden die seitlichen Kehlnähte S (Abb. 102) abgemeißelt und die Gurtverstärkung abgenommen; hierauf wurde erneut gemessen (Messung b). Dann ist der Steg bei 400 mm Höhe bei c in Abb. 102 mit dem Schneidbrenner abgetrennt worden. Es folgte die Messung c. Hierauf sind die Schnitte a und b (Abb. 101) gemacht worden. Damit war das in Abb. 102 dargestellte Stück freigelegt. Dann folgte die Messung d. Danach sind die in Abb. 102a schraffiert hervorgehobenen Streifen, die die Meßmarken trugen, abgetrennt worden. Es folgte die Messung e. Sodann

Abb. 100. Stück von der geschweißten Brücke über die Hardenbergstraße in Berlin.

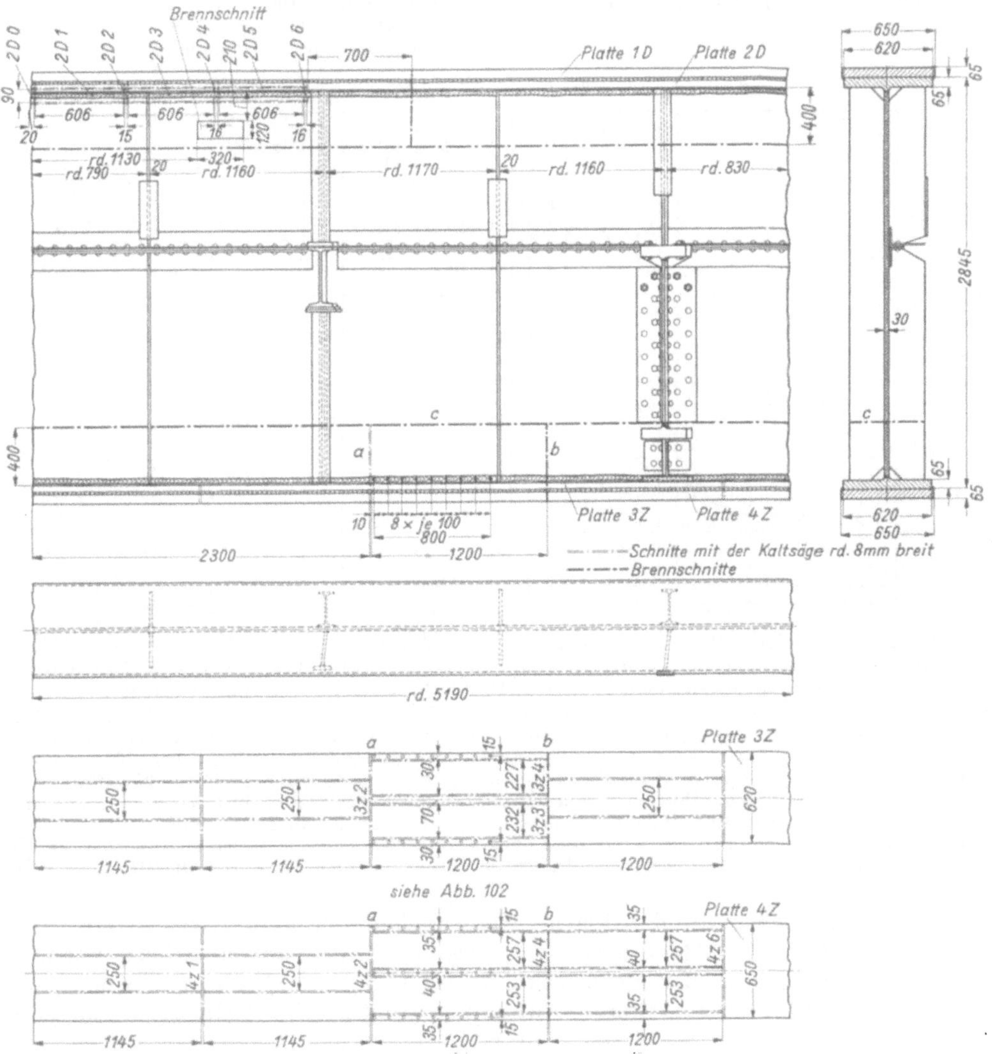

Abb. 101. Stück von der geschweißten Brücke über die Hardenbergstraße in Berlin.

ist das Mittelstück mit der Halsnaht nach Abb. 102b und c aufgeteilt worden; dazu gehören die Messungen f und g. Schließlich sind die Randstreifen V und VI (Abb. 102a), gemäß Abb. 102d und e zerschnitten worden. Hierzu gehört die Messung h.

Die Ergebnisse der Messungen finden sich in Abb. 103 bis 109.

Abb. 103 zeigt die Längenänderungen an der Fläche I (Abb. 102a), Abb. 104 die zu-

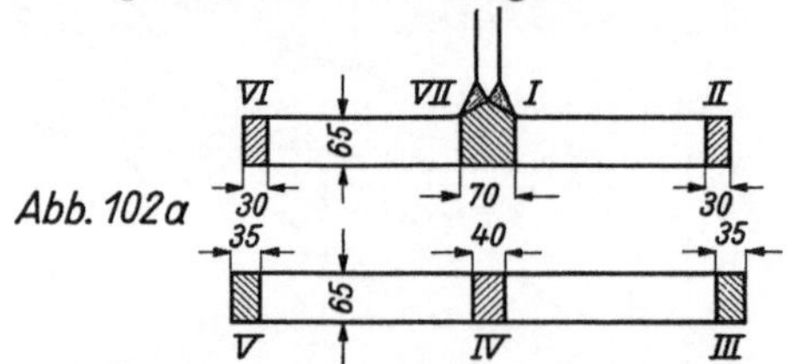

Abb. 102a. Aufteilung des Wulstflachstahls und des Breitflachstahls im Stück nach Abb. 102 zur Bestimmung von Eigenspannungen.

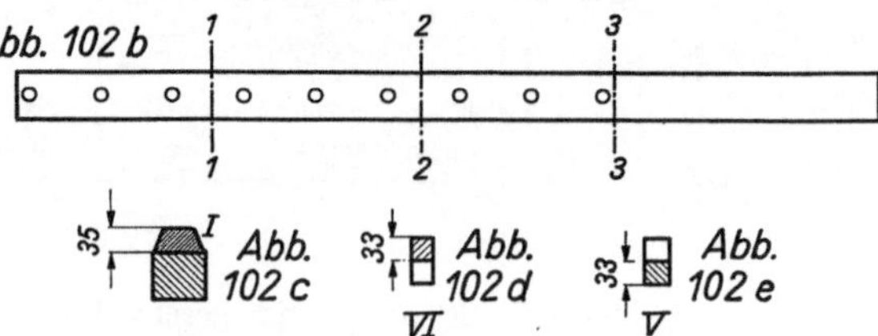

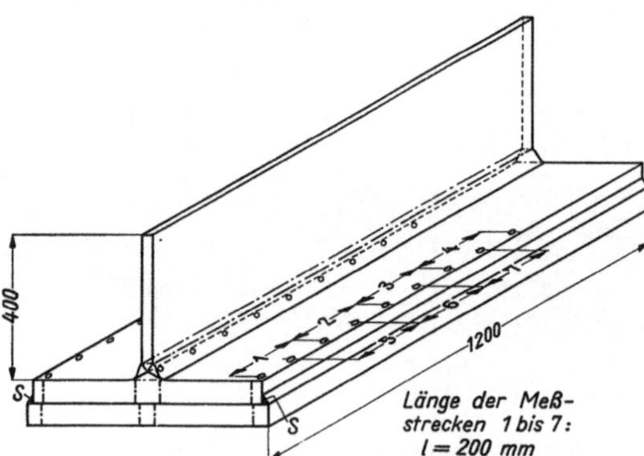

Abb. 102. Stück bei a—b in Abb. 101.

Abb. 102b bis 102e. Aufteilung des Kernteils im Wulstflachstahl und der Stücke V und VI nach Abb. 102a zur Bestimmung von Eigenspannungen.

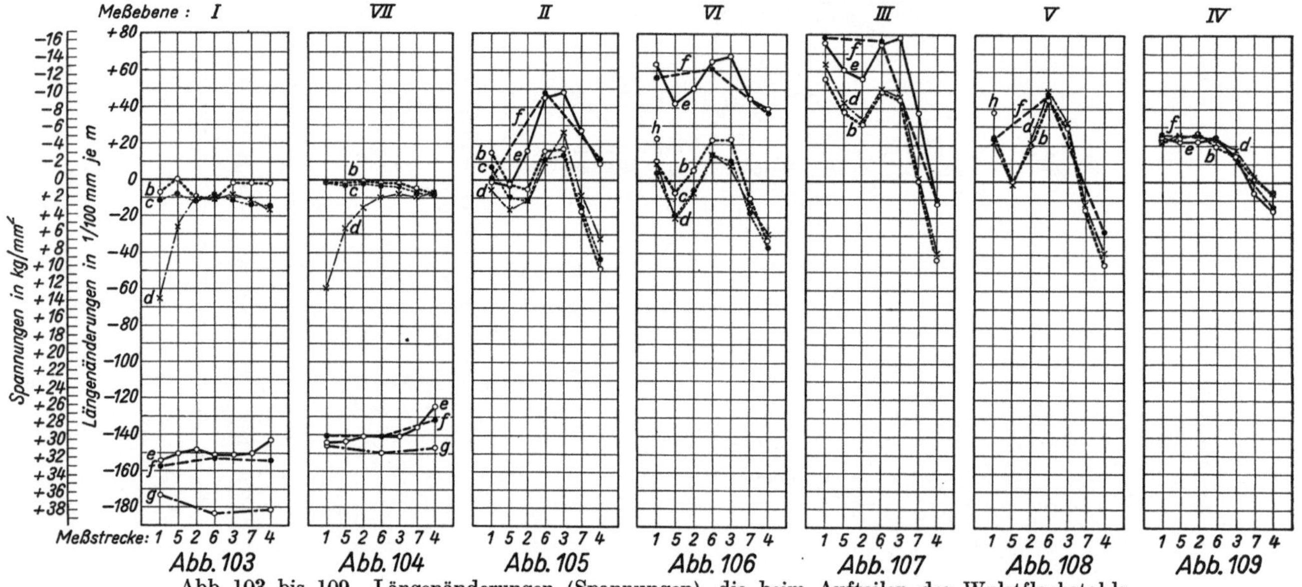

Abb. 103 bis 109. Längenänderungen (Spannungen), die beim Aufteilen des Wulstflachstahls und des Breitflachstahls nach Abb. 102a bis 102e gemessen wurden.

Erläuterung zu den Linienzügen in Abb. 103 bis 109: a Im Einlieferungszustand, vgl. Abb. 100 und 101. b Nach Abmeißeln der Kehlnähte S der unteren Gurtplatte. c Nach Abschneiden des Stegs ~ 400 mm über der oberen Fläche des Untergurts. d Nach Heraussägen der Stücke von 1200 mm Länge, vgl. Abb. 101. e Nach Heraussägen von ~ 30 mm breiten Randstreifen aus der oberen Platte und ~ 35 mm breiten Randstreifen aus der unteren Platte, sowie von einem ~ 70 mm breiten Herzstück aus der oberen Platte und einem ~ 40 mm breiten Herzstück aus der unteren Platte, vgl. Abb. 102a. f Nach Zersägen der Streifen in 3 Teile mit je einer Meßstrecke von $l = 200$ mm durch Schnitte bei 1—1, 2—2, 3—3, vgl. Abb. 102b. g Nach weiterem Aufteilen des Herzstücks, vgl. Abb. 102c. h Nach weiterem Aufteilen der Stücke V und VI, vgl. Abb. 102d und 102e.

gehörigen Feststellungen an der Fläche VII (ebenfalls in Abb. 102a). Hieraus erhellt, daß die Halsnaht beim Herausschneiden des 1200 mm langen Stücks nach Abb. 102 (Messungen b, c und d) in der Meßstrecke 1, also nahe dem Ende des Stücks, erhebliche Verkürzungen erfuhr. Bei weiterer Aufteilung gemäß Abb. 102a bis c (Messungen e, f

und *g*) traten an den Flächen *I* und *VII* überall bedeutende Verkürzungen auf. Nach der Messung *g* waren Zuganstrengungen bis rd. 38 kg/mm² frei geworden.

Abb. 105 und 106 gelten für die Messungen am Rand des Wulstflachstahls bei *II* und *VI* (Abb. 102a). Hier sind Druckanstrengungen bis rd. 14 kg/mm² frei geworden. Abb. 107

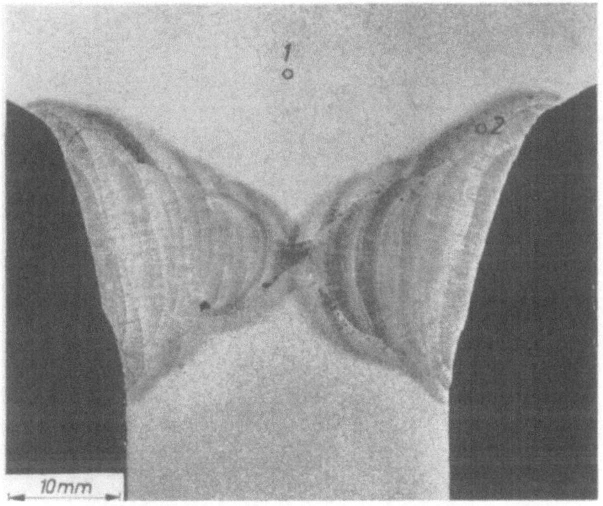

Abb. 110. Querschnitt durch eine Halsnaht des Trägers nach Abb. 100, festgestellt an der Probe 2 D 2. Der Ort der Entnahme der Probe ist in Abb. 101 links oben angegeben.

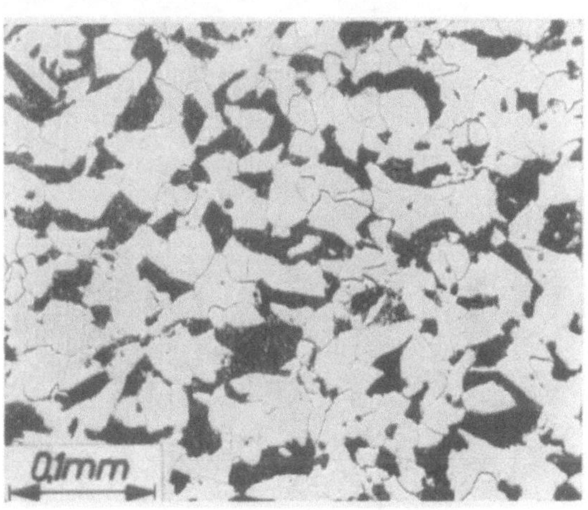

Abb. 111. Gefüge des Werkstoffs bei „*1*" in Abb. 110.

bis 109 gehören zu der Gurtverstärkung. Am Rande bei *III* sind Druckanstrengungen bis rd. 17 kg/mm² gemessen worden.

b) Gefüge der Halsnaht. Das Gefüge der Halsnaht wurde an den Stücken 2 D 2 und 2 D 6 (Abb. 101 links oben) festgestellt.

Abb. 112. Gefüge einer harten Stelle in der Übergangszone der in Abb. 110 dargestellten Halsnaht. Die Aufnahme gilt für die Stelle „*2*" in Abb. 110.

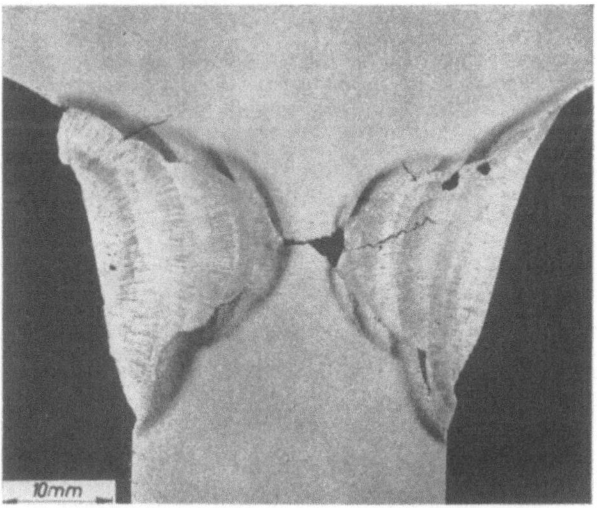

Abb. 113. Querschnitt durch eine Halsnaht des Trägers nach Abb. 100, festgestellt an der Probe 2 D 6. Der Ort der Entnahme der Probe ist in Abb. 101 links oben angegeben.

Abb. 110 zeigt den Zustand der Probe 2 D 2. Einzelheiten dazu finden sich in Abb. 111 und 112. In Abb. 113 ist das Gefüge der Probe 2 D 6 dargestellt; hier sind zwei grobe Poren, drei Risse und die offene Nahtwurzel freigelegt worden; die Halsnaht war demnach mangelhaft.

Die Kugeldruckhärte, ermittelt mit dem Rollhärteprüfer nach Hauttmann, betrug im Übergang der Halsnaht zum Druckgurt bis zu 310 kg/mm².

Abb. 114. Beispiel eines feinen Querrisses im Übergang der Halsnaht zum Gurt in der Probe 2 D 5, Abb. 101 links oben.

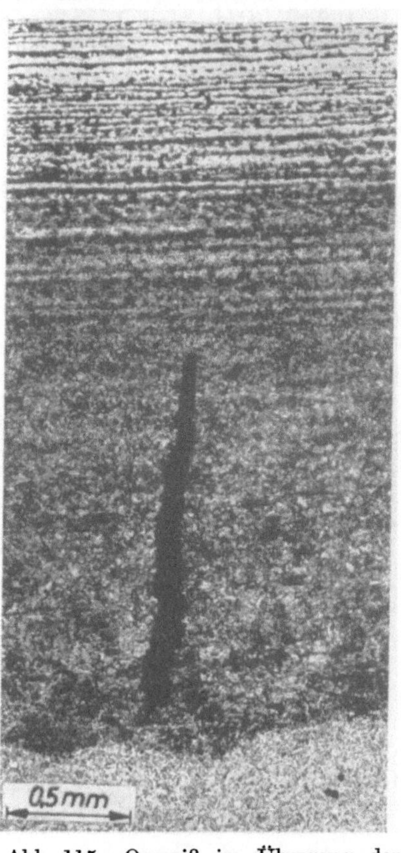

Abb. 115. Querriß im Übergang der Halsnaht zum Gurt in der Probe 2 D 5, Abb. 101 links oben.

S. 36 ist bereits berichtet, daß in dem Übergang der Halsnaht zum Gurt zahlreiche Querrisse gefunden wurden. Abb. 114 zeigt den Zustand der Risse, die in großer Zahl festgestellt wurden; in Abb. 115 ist ein klaffender Riß wiedergegeben, der in dieser Gestalt vereinzelt auftrat.

c) Faltversuche mit Proben aus den Gurten und Gurtverstärkungen. Zunächst wurde das Stück 3 Z 2 aus der Zugzone herausgeschnitten. Der Steg und die Halsnaht wurden soweit

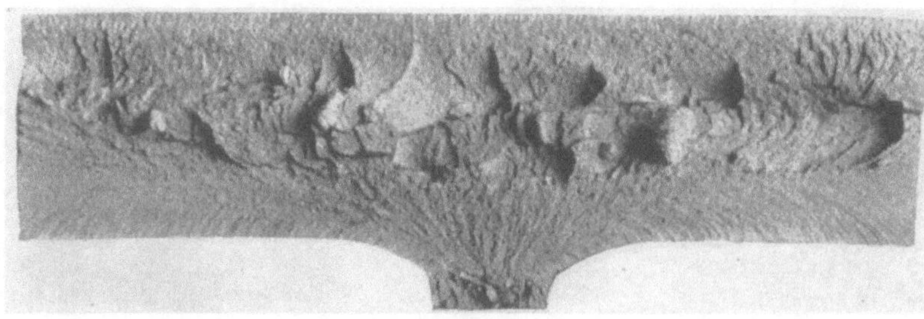

Abb. 116. Bruchfläche der Probe 3 Z 2 nach dem Faltversuch. Der Wulst lag in der Zugzone.

abgehobelt, daß ein Wulst von 20 mm Höhe verblieb. Dabei wurden in der Halsnaht zahlreiche Fehlstellen freigelegt. Beim Faltversuch[1] lag der Wulst in der Zugzone;

---

[1] Dorndurchmesser 150 mm, Durchmesser der Auflagerwalzen 100 mm, lichter Abstand der Auflagerwalzen 325 und 390 mm (5 t und 6 t). Zuerst wurde der Biegeversuch an den Enden des Stücks 3 Z 2 (Walzenabstand 5 t) ausgeführt, dann am Reststück der Mitte (Walzenabstand 6 t).

Additional material from Versuche und Feststellungen zur Entwicklung der geschweißten Brücken
ISBN 978-3-7091-9745-5 (978-3-7091-9745-5_OSFO2),
is available at http://extras.springer.com

schon bei gesamten Biegewinkeln von rd. 0,5 bis 1,5° traten Querrisse auf. Der Bruch erfolgte bei bleibenden Biegewinkeln von 24, 31 und 28°. Abb. 116 zeigt die Bruchfläche eines Stücks, das nach dem Bruch einen bleibenden Biegewinkel von 24° aufwies. Abb. 117 gehört zum gleichen Stück; sie zeigt die in Abb. 116 unten gelegene bearbeitete Fläche des Wulstes und der Halsnaht; es sind zahlreiche Querrisse zu erkennen; rechts liegt die in Abb. 116 wiedergegebene Bruchfläche.

Die Proben 3Z3 und 4, 4Z1, 2, 4 und 6 (Abb. 101), wurden — gemäß der unter 8 beschriebenen Prüfung — in der Mitte mit einer Längsnut und darüber mit einer Schweißraupe versehen. Die so vorbereiteten Proben sind dem Biegeversuch gemäß der späteren Abb. 118 unterworfen. Zusammenstellung 15 enthält die Ergebnisse. Hiernach ist der Anriß nach einem bleibenden Biegewinkel von 5,5 bis 11° beobachtet worden. Alle Proben brachen plötzlich; der bleibende Biegewinkel bis zum Bruch betrug bei den Proben aus dem Wulstflachstahl 18°, bei den Proben aus der Gurtverstärkung 28 bis 37°.

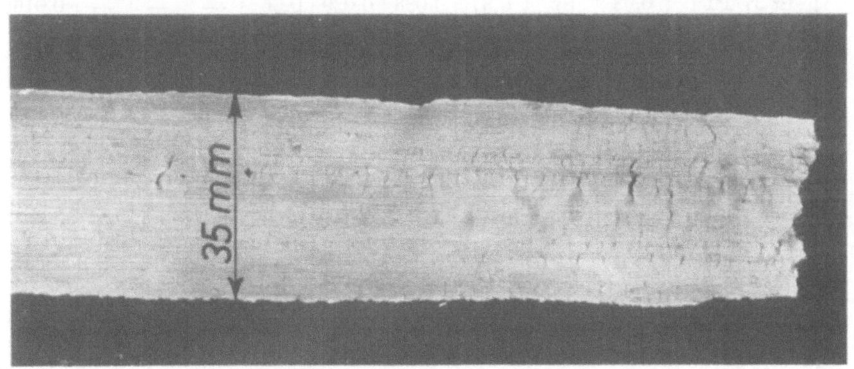

Abb. 117. Zustand der Wulstfläche der in Abb. 116 dargestellten Probe nach dem Biegeversuch.
Rechts liegt die in Abb. 116 abgebildete Bruchfläche.

Die größte Kugeldruckhärte in den Übergangszonen von der Schweißraupe zum Grundwerkstoff, ermittelt mit dem Rollhärteprüfer nach Hauttmann, fand sich bei der Probe 3Z4 (aus dem Wulstflachstahl) zu 330 kg/mm², bei der Probe 4Z4 (aus der Gurtverstärkung) zu 375 kg/mm².

d) Schlagversuche mit Proben aus dem Wulstflachstahl und aus der Gurtverstärkung. Hierüber wird unter 8 (S. 94 und 95) berichtet.

e) Mit Proben aus den Stücken 2D1, 3 und 5 wurden **Dauerzugversuche** ausgeführt. Näheres ist S. 36f. mitgeteilt.

8. Versuche über das Verhalten von 20, 30 und 50 mm dicken Breitflachstählen verschiedener Herkunft nach dem Aufbringen von Schweißraupen beim Biegeversuch. Untersuchungen über das Gefüge der Proben. Prüfung der Kerbschlagzähigkeit der verwendeten Werkstoffe. Vergleichende Versuche mit Werkstoffen aus schadhaft gewordenen Brücken und aus Versuchsträgern.

Die bisher beschriebenen Beobachtungen über das Verhalten von geschweißten Brücken und von geschweißten Versuchsträgern haben folgende Tatsachen gezeitigt.

a) In einzelnen Fällen, bisher bei einer Brücke und bei 2 Versuchsträgern, brachen die Zuggurte, bei der Brücke unter rechnerisch zulässiger Anstrengung, bei den beiden Versuchsträgern unter viel höherer Anstrengung.

b) Bei allen Versuchsträgern, die unter 4 beschrieben sind, ferner bei 2 Versuchsträgern unter 5, sowie bei einer Brücke sind im Bereich der Halsnaht im Übergang der Schweißnaht

Zusammen-

Versuche der Gruppe IV (Biegeversuche nach Abb. 118 und 120). Angaben der Abnahme-
Zusammensetzung, Schmelzung, Walztemperatur, Glüh-

1	2	3	4	5	6	7	8	9	10	11	12	13
		Chemische Zusammensetzung, Bestandteile, %										
Walzwerk	Bezeichnung des Werkstoffs	C	Si	Mn	P	S	Cu	Ni	Cr	Mo	N_2	Breite und Dicke der Breitflachstähle
Fried. Krupp AG., Friedrich-Alfred-Hütte, Rheinhausen	St 37 KTb Thomas, beruhigt, ungeglüht	0,10	0,22	0,44	0,068	0,034	—	—	—	—	—	250×50 250×30 250×20
	St 37 PTu Thomas, unberuhigt, ungeglüht	0,08	Sp	0,37	0,088	0,029	0,06	—	—	—	0,0165	250×50 250×30 250×20
Ilseder Hütte, Abt. Peiner Walzwerk, Peine	St 37 PSu Siemens-Martin, unberuhigt, ungeglüht	0,14	Sp	0,51	0,023	0,033	0,092	—	—	—	0,0035	250×50 250×30 250×20
	St 37 PSb Siemens-Martin, beruhigt, ungeglüht	0,13	0,13	0,56	0,030	0,032	0,084	—	—	—	0,0052	250×50 250×30 250×20
Dortmund-Hoerder Hüttenverein AG., Dortmund	St 52 DSb Siemens-Martin, beruhigt, ungeglüht	0,19	0,34	1,07	0,029	0,023	0,49	—	0,30	—	—	250×50 250×30 250×20
	St 52 DSbg. Siemens-Martin, beruhigt, normal geglüht ($^1/_2$ h bei 900 bis 910° C)	0,19	0,33	1,13	0,018	0,020	0,47	—	0,37	—	—	250×50 250×30 250×20
Gutehoffnungshütte Oberhausen AG., Oberhausen (Rhld.)	St 52 GSbg Siemens-Martin, beruhigt, geglüht bei 600° C	0,17	0,44	1,10	0,029	0,027	0,33	—	—	0,10	—	250×50 (Bleche)
		0,19	0,46	1,10	0,027	0,025	0,26	—	—	0,12	—	250×30 250×20
Fried. Krupp AG., Friedrich-Alfred-Hütte, Rheinhausen	St 52 KSb Siemens-Martin, beruhigt, ungeglüht	0,16	0,38	1,42	0,010	0,022	0,39	—	—	—	—	250×50 200×30 200×20
Ilseder Hütte, Abt. Peiner Walzwerk, Peine	St 52 PSb Siemens-Martin, beruhigt, ungeglüht	0,17	0,46	1,39	0,027	0,027	0,084	—	—	—	0,0057	250×50 250×30 250×20

stellung 16.

beamten und der Stahlwerke über die Eigenschaften der Breitflachstähle (chemische behandlung, Zug- und Kerbschlagversuche, sowie Korngröße).

14	15	16	17	18	19	20	21	22	23	24	25	26
Walztemperaturen, °C					Zugversuche (Mittelwerte)				☐1 3☐ 2☐			Korngröße
Blockstraße		Fertigstraße		Art der Probenahme	Streckgrenze σ_{zF}	Zugfestigkeit σ_{zB}	Bruchdehnung δ	Brucheinschnürung ψ	Kerbschlagzähigkeit mkg/cm²			größe
nach dem 2. Stich	nach dem letzten Stich	nach dem 2. Stich	pach dem letzten Stich		kg/mm²	kg/mm²	%	%	Probe 1	Probe 3	Probe 2	μ^2
					27,1	44,6	30					
					28,6	45,3	32					
1150	1140	980	900	Rand	27,9	41,7	26,0	64,0	> 9,9			845
				Kern	21,9	40,4	31,5	66,3		2,0	14,0	890
1160	1110	1020	910	Rand	26,3	39,7	23,0	61,0	>13,3			600
				Kern	22,4	40,7	32,7	65,0		7,3	14,0	710
1140	1100	950	900	Rand	28,8	41,2	26,0	55,0	12,8			785
				Kern	27,3	41,6	30,1	66,1		1,9	12,1	480
1140	1090	1030	990	Rand	20,1	35,9	27,0	62,0	>13,3			475
				Kern	21,5	43,0	25,5	40,0		8,1	14,0	750
1170	1120	1110	915	Rand	23,2	36,8	24,5	58,5	>13,3			480
				Kern	20,1	39,1	30,0	69,0		12,3	14,0	370
1110	1100	1040	970	Rand	23,2	38,2	31,0	58,5	>13,3			360
				Kern	23,2	37,9	30,0	71,2		14,0	14,0	600
1160	1140	1050	1000	Rand	24,3	42,4	22,5	56,0	>13,3			360
				Kern	20,1	40,5	27,5	54,5		12,7	14,0	480
1190	1170	1040	960	Rand	26,2	42,7	23,5	57,0	>13,3			360
				Kern	21,2	42,5	30,0	52,0		14,0	14,0	765
1190	1170	1070	1010	Rand	26,0	42,3	22,5	56,4	>13,3			310
				Kern	26,2	41,4	26,7	60,0		14,0	14,0	580
			950		36	59	24,0					
			950		37	60	23,0					
			950		37	60	21,0					
			950		39	57	25,0					
			950		39	57	25,0					
			950		37	56	25,0					
					36,9	58,0	24,4					
					36,0	58,0	26,0					
					37,6	58,2	25,0					
					34,7	54,8	27,0	45,2				
					39,2	57,6	30,0	63,0				
					37,6	56,2	26,5	67,7				
1180	1130	1035	865	Rand	38,6	55,7	22,5	53,4	>13,3			480
				Kern	32,1	53,8	22,2	41,8		12,4	14,0	420
1210	1170	1110	850	Rand	37,6	55,4	23,0	57,9	>13,3			275
				Kern	35,1	55,7	24,0	61,0		14,0	14,0	265
1220	1160	930	860	Rand	38,5	56,1	23,0	55,8	>13,3			95
				Kern	38,2	56,1	25,3	66,0		12,9	14,0	285

zum Zuggurt Querrisse festgestellt worden, die unter den jeweils obwaltenden Umständen auch unter oftmaliger Belastung nicht zum Bruch führten.

c) Auch bei den beiden Versuchsträgern, die unter 6 A und B beschrieben sind, sind nachträglich feine Querrisse in den Halsnähten beobachtet worden.

Auf Grund der Tatsachen a) bis c) wird vermutet, daß in vorhandenen, seit einiger Zeit benützten Brücken aus St 52 ebenfalls feine Querrisse anzutreffen sind.

Diese Sachlage führt zu der schon S. 4 und 32 angeführten Forderung, durch vergleichende Versuche mit dem Werkstoff der Zuggurte der gebrochenen und der nichtgebrochenen Versuchsträger sowie der fehlerhaft gewordenen Brücke festzustellen, ob sich die verschiedenen Werkstoffe bei irgendwelchen Prüfungen kennzeichnend unterscheiden. Dies geschah durch die von Kommerell ausführlich beschriebene Faltprüfung[1] an Proben mit Schweißraupen, ferner durch Prüfung der Kerbschlagfestigkeit und durch Beobachtung des Gefüges.

Um bei diesen Versuchen eine möglichst umfassende Aufklärung zu erlangen, insbesondere auch, um zu erkunden, wie die zu den Versuchsträgern benützten Stähle eingeordnet werden müssen, sind überdies von 4 Stahlwerken Proben von Breitflachstählen erbeten worden, wie sie bisher zu geschweißten Brücken in der Regel geliefert worden sind. Diese Stahlproben wurden in der Regel mit 250 mm Breite und 20, 30 und 50 mm Dicke geliefert.

a) Abmessungen der Proben zu den Biegeversuchen. Angaben über die Art der Werkstoffe, ihre chemische Zusammensetzung und ihre Festigkeit.

Die Proben sind in der Regel aus Breitflachstählen nach einem festgelegten Plan entnommen worden. Soweit die Entnahme aus Brücken oder Versuchsträgern erfolgte, sind die zugehörigen Einzelheiten unter 6 und 7 angegeben oder sie werden später mitgeteilt. Die Abmessungen der Proben aus den Breitflachstählen sind — soweit nichts anderes bemerkt wird — in Abb. 118 angegeben.

Die Angaben über die Art der Werkstoffe sind in den Spalten 1 und 2 der Zusammenstellung 16 niedergelegt. Zunächst ist dort zu entnehmen, daß 4 Sorten St 37 und 5 Sorten St 52 geprüft worden sind. In Spalte 1 ist die Herkunft der Stähle angegeben, in Spalte 2 die Art der Stähle. Hiernach finden sich unter den 4 Lieferungen St 37 2 Thomasstähle und 2 Siemens-Martin-Stähle; 1 Thomasstahl und 1 Siemens-Martin-Stahl sind beruhigt, die anderen unberuhigt vergossen worden; alle 4 Stähle blieben ungeglüht. Die 5 Sorten St 52 bestanden aus Siemens-Martin-Stahl, der beruhigt vergossen war. In 3 Fällen blieben die Stähle ungeglüht; in 2 Fällen handelt es sich um geglühte Stähle. Später sind die Stähle mit Kennbuchstaben versehen worden, z. B. bezeichnet „KTb" einen Stahl von Krupp als Thomasstahl beruhigt vergossen oder GSbg einen Stahl der Gutehoffnungshütte als Siemens-Martin-Stahl beruhigt vergossen und dann geglüht.

Über die chemische Zusammensetzung der Stähle geben die Spalten 3 bis 12 der Zusammenstellung 16 Auskunft. Hiernach betrug der Anteil an

	C %	Si %	Mn %	P %	S %	Cu %	Cr %	Mo %	N_2 %
bei St 37 von	0,08	Spuren	0,37	0,023	0,029	—	—	—	—
bis	0,14	0,22	0,56	0,088	0,034	0,09	—	—	0,165
bei St 52 von	0,16	0,33	1,07	0,010	0,020	0,084	—	—	—
bis	0,19	0,46	1,42	0,029	0,027	0,49	0,37	0,12	0,0057

Die in den Versuchsanstalten der Lieferwerke festgestellten Festigkeiten sind in den Spalten 19 bis 22 der Zusammenstellung 16 angegeben. Hiernach fand sich

	bei St 37	St 52
die Streckgrenze zu	20,1 bis 28,8	32 bis 39 kg/mm²
die Zugfestigkeit zu	35,9 bis 45,3	53,8 bis 60 kg/mm²
die Bruchdehnung zu	22,5 bis 32,7	21 bis 30%
die Querschnittsverminderung zu	40,0 bis 71,2[2]	41,8 bis 67,7 %[2]

---

[1] Vgl. Kommerell: Stahlbau 1938 S. 52, ferner Bautechn. 1939 S. 162, auch Verkehrstechn. Woche 1938, S.53.

[2] Nicht bei allen Lieferungen festgestellt, vgl. Spalte 22 der Zusammenstellung 16.

b) Vorbereitung der Proben für den Biegeversuch.

Zunächst erhielten die Proben auf einer Breitseite eine 4 mm tiefe und 8 mm breite Halbkreisnut gemäß Abb. 118 rechts; die Nut war gefräst. In die Nut wurde eine Schweißraupe gelegt, vgl. Abb. 118. Die Raupe wurde in waagerechter Lage des Breitflachstahls mit dem Lichtbogen aufgebracht, und zwar mit 5 mm dicken ummantelten Elektroden Sorte St 52 A von der Kjellberg-Elektroden und Maschinen G.m.b.H. in Finsterwalde.

Das Schweißen von Proben aller Stähle geschah zunächst in einem geschlossenen Raum bei Lufttemperaturen von rd. 20°. Mit 3 Sorten St 37 und mit allen 5 Sorten St 52 sind außerdem Proben angefertigt worden, die beim Auflegen der Schweißraupe angewärmt waren, und zwar bei St 37 auf 100 oder 200 oder 300°, bei St 52 auf 200 und 400°.

Das Anwärmen geschah in der Vorrichtung nach Abb. 119 auf einem Sandbett. Die Anwärmezeit ist in den folgenden Zahlenreihen angegeben.

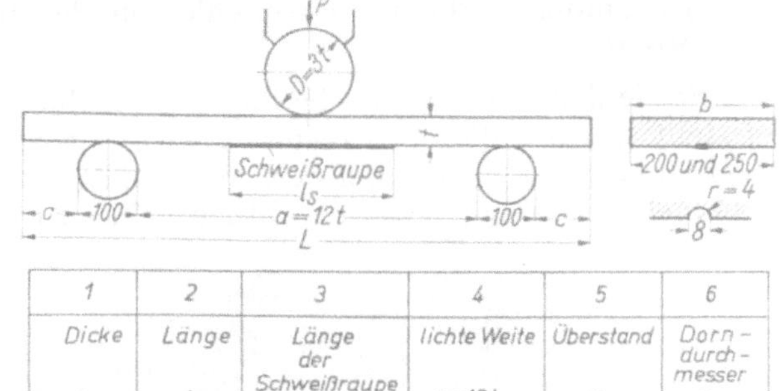

1	2	3	4	5	6
Dicke	Länge	Länge der Schweißraupe	lichte Weite	Überstand	Dorndurchmesser
t	L	l_S	$a = 12 t$	c	D
mm	mm	mm	mm	mm	mm
20	650	203 bis 215	240	105	60
30	750	242 bis 307	360	95	90
50	1000	rd. 252 bis 318[1]	600	100	150

[1] Bei den Flachstählen St 37 P. SM b.7.1, St 37 P.Th u.13.1, St 52 P. SM b.4.1 u. St 52 DH.SM.1.1

l_S = rd. 510 mm.

Abb. 118. Anordnung zum Biegeversuch mit Breitflachstählen, die auf der Zugseite eine Schweißraupe trugen. (Nutschweißbiegeversuch nach Kommerell.)

Dicke der Platten in mm	Anwärmzeit in Minuten[1]			
	bis 100° C	bis 200° C	bis 300° C	bis 400° C
20	32 bis 59	49 bis 77	22 bis 32	40 bis 88
30	30 bis 42	30 bis 80	32 bis 45	50 bis 85
50	59 bis 81	53 bis 88	65 bis 85	105 bis 125

Die Anwärmtemperatur wurde mit Thermoelementen bestimmt, die an der oberen Fläche des Breitflachstahls nahe der Nut für die Schweißraupe angebracht waren. Das Schweißen begann, wenn die Solltemperatur mit geringen Abweichungen 15 min vorhanden war.

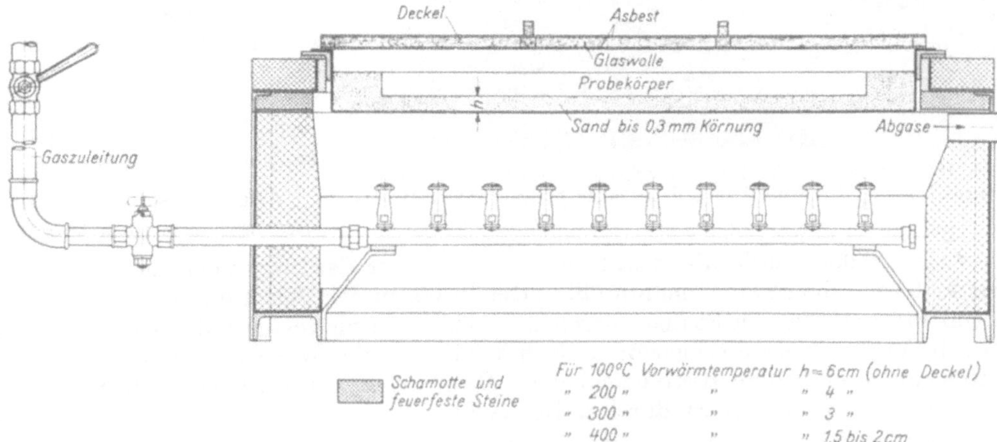

Abb. 119. Einrichtung zum Anwärmen von Breitflachstählen vor dem Aufbringen der Schweißraupe.

Über die Schweißgeschwindigkeit und über den Verbrauch an Elektroden gibt die Zusammenstellung 17 Auskunft.

---

[1] Die Angaben gelten für Platten, die im fortlaufenden Betrieb angewärmt wurden. Bei den Platten, die morgens beim Betriebsbeginn und mittags nach der Arbeitspause mit der Einrichtung angewärmt wurden, sind längere Zeiten erforderlich gewesen.

Nach dem Auflegen der Schweißraupe wurden die Probekörper in dem Herstellungsraum abseits gestellt, derart, daß sie mit einer Stirnfläche den Boden berührten, dabei nahezu senkrecht standen und oben seitlich mit einem Holz abgestützt waren. Durch das Anwärmen der Breitflachstähle bis zum Ende der Schweißarbeit wurde die Geschwindigkeit der Abkühlung der Schweißraupe vermindert; ob angenommen werden kann, daß die Spannungen, die beim Abkühlen in der Raupe entstanden, kleiner wurden, sei dahingestellt.

Schließlich sind aus 20, 30 und 50 mm dicken Breitflachstählen St 52 DSb Proben hergestellt worden, die nach dem Auflegen der Schweißraupe im Sandbad auf 200° erwärmt wurden oder die bei der Schweißraupe und ihrer Umgebung mit der Gasflamme auf rd. 700° (dunkelrot glühend) erwärmt wurden. Damit ist die Schweißraupe und der danebenliegende Werkstoff einer Nachbehandlung unterworfen worden.

Andere Untersuchungen erstreckten sich auf den Einfluß der Vorbehandlung der Schweißstelle.

c) Ausführung des Biegeversuchs.

Die Anordnung des Biegeversuchs, die Größe der Auflagerwalzen, der Belastungswalze und der Auflagerentfernung sind aus Abb. 118 zu ersehen. Abb. 120 zeigt die zugehörige Einrichtung.

Vor dem Biegeversuch wurde festgestellt, ob der Probekörper eben war oder ob er Verkrümmungen aufwies. Die Verkrümmungen sind gegebenenfalls in der Längsrichtung gemessen worden; sie waren bei der späteren Messung des Biegewinkels zu berücksichtigen.

Die Belastung wurde langsam und in Stufen aufgebracht.

Abb. 120. Einrichtung für Biegeversuche mit Breitflachstählen.
Die Einrichtung steht auf der Druckplatte einer hydraulischen Presse.

In vielen Fällen wurde die Belastung gesucht, unter der eben noch keine Risse in der Schweißnaht zu sehen waren; man mußte deshalb bis zu der Belastung, unter der die ersten Risse auftraten, in kleinen Stufen vorgehen. Sodann wurde festgestellt, wo und in welcher Anzahl die ersten Risse erschienen, weiterhin wie sich die Risse mit steigender Last verlängerten, auch ob weitere Risse erschienen. Das Suchen der Risse geschah mit Lupe und besonderer Beleuchtung, meist durch 2 Beobachter.

Besonders wichtig war, festzustellen, welcher Biegewinkel bis zum Eintritt des ersten Risses und bis zum Bruch oder bis zum Ende des Versuchs ertragen wurde[1]. Wenn ein Bruch stattfand, war das Aussehen des Bruchquerschnitts festzulegen.

Außerdem ist die Last beobachtet worden, bei der erstmals Zunderabspringen an der unteren Fläche des Probekörpers stattfand.

---

[1] Das Messen des Biegewinkels geschah mit einem gewöhnlichen Winkelmesser.

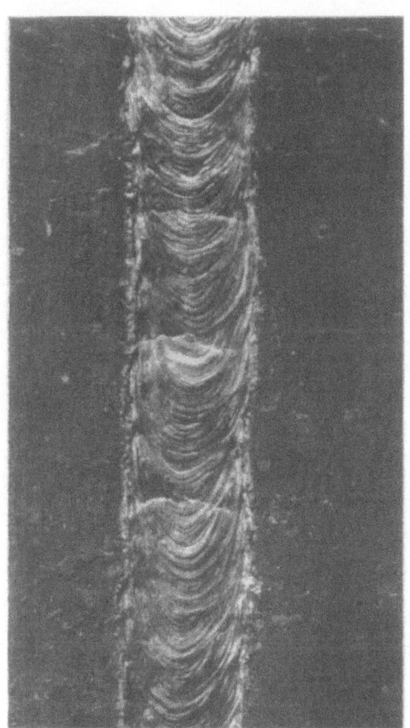

d) Beobachtungen über die Rißbildung in der Schweißraupe und im Breitflachstahl beim Biegeversuch. Aussehen des Bruchquerschnitts. Besondere Versuche zur Feststellung des Ausgangs des Anrisse.

Die Risse wurden — abgesehen von einer S. 70 zu beschreibenden Ausnahme — zuerst auf dem Raupenkamm beobachtet. Die Querrisse waren fein; sie konnten oft nur mit der 6fach vergrößernden Lupe sicher erkannt werden. Mit steigender Last verlängerten sich die Anrisse entweder

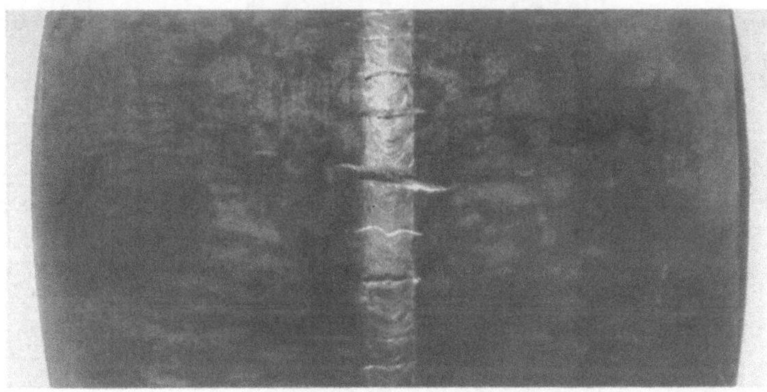

Abb. 121. Probe 4,1 aus St 52 PSb, 50 mm dick, Schweißung bei rd. 20°C. Zustand der Schweißraupe, nachdem in der dargestellten Fläche eine rechnerische Biegespannung von 77 kg/mm² gewirkt hatte.

Abb. 122. Probe 11,9 aus St 52 Dsbg, geglüht, 30 mm dick, Schweißung bei rd. 20°. Der erste Anriß ist nach einem bleibenden Biegewinkel von 22° beobachtet worden. Am Schluß des Versuchs betrug der Biegewinkel 121°. Das Bild zeigt den Zustand am Schluß des Versuchs.

nach Abb. 121 über die Raupenbreite oder nach Abb. 122 wenig darüber hinaus. Der Breitflachstahl hat in diesen Fällen das Fortschreiten der Risse weitgehend gehemmt.

In anderen Fällen sind die Anrisse in den Breitflachstählen weitergeschritten (Abb. 123 und 124), wiederholt so rasch, daß dem Auftreten des Anrisses sofort der Bruch des Breitflachstahls folgte.

Außerdem ist es wiederholt vorgekommen, daß sich die Risse zwar von der Schweißraupe in den Breitflachstahl hinein fortgesetzt haben, jedoch nach mehr oder minder langem Weg stehen blieben und sich weit öffneten, so wie dies in Abb. 125 und 126 für St 37, in Abb. 127 für St 52 zu sehen ist. Abb. 128 zeigt eine Probe, die weniger verformt wurde als die Proben nach Abb. 125 bis 127.

Zu beachten ist zunächst, daß die Entwicklung der Risse bei Stählen verschiedener Herkunft oft sehr verschieden war. Weiter ist wichtig, daß die Entwicklung der Risse von der Behandlung des Stahls beim Auftragen der Schweißraupe beeinflußt wurde. Beispielsweise zeigen Abb. 129 (Probe aus Stahl St 52 DSbg

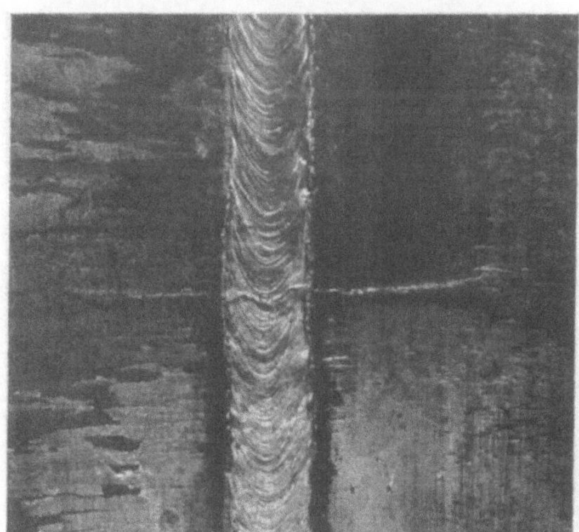

Abb. 123. Probe 2,4 aus St 52 KSb, 30 mm dick. Schweißung bei rd. 20°. Probekörper unter einer rechnerischen Biegespannung von 87 kg/mm².

bei 20° geschweißt) und Abb. 130 (Probe aus demselben Stahl bei 400° geschweißt), daß die Risse im letzteren Fall kürzer blieben und nicht oder nur wenig über die Schweißraupe hinausreichten. Noch anschaulicher sind Abb. 131 und 132. Die zugehörigen Proben, die

Abb. 125. Probe 9,16 aus St 37 PSb, 20 mm dick. Schweißung bei 20°. Probekörper nach dem Versuch; bleibender Biegewinkel 138,5°.

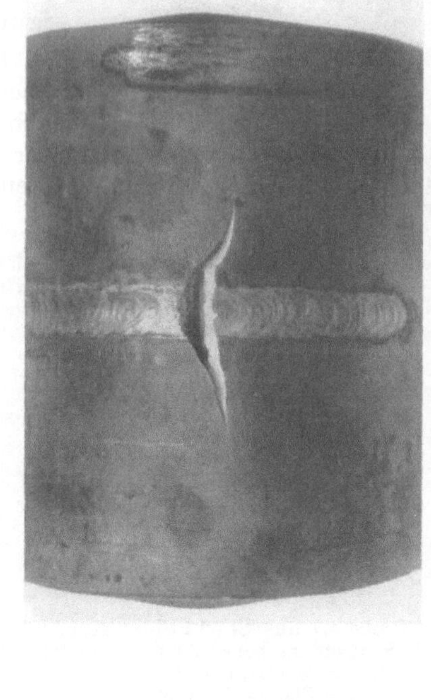

Abb. 127. Probe 1,1 aus St 52 KSb, 20 mm dick. Schweißung bei rd. 20°. Probekörper nach dem Versuch; bleibender Biegewinkel 134°.

Abb. 124. Probe 5,9 aus St 52 DSb, 30 mm dick. Schweißung bei rd. 20°. Probekörper nach dem Versuch; bleibender Biegewinkel 18°.

Abb. 126. Probe 8,16 aus St 37 PSb, 30 mm dick. Schweißung bei rd. 20°. Probekörper nach dem Versuch; bleibender Biegewinkel 120°.

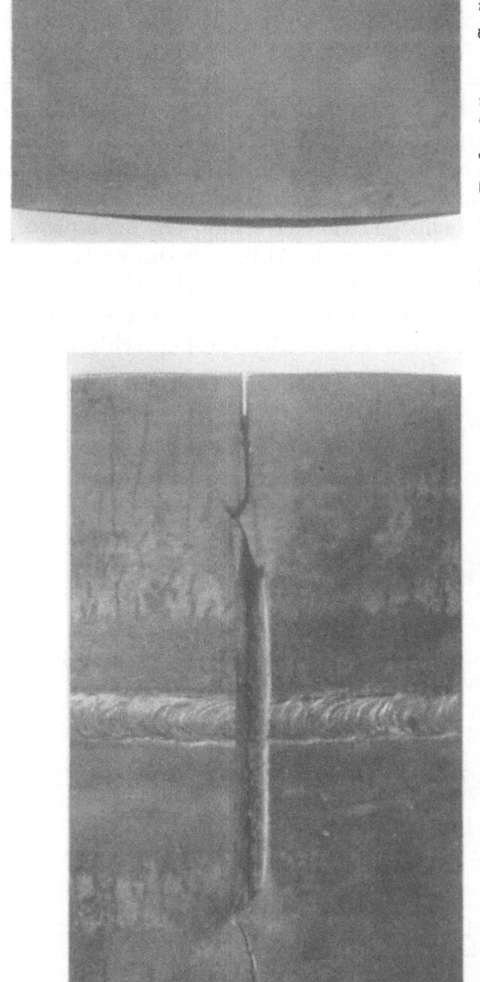

Abb. 129. Probe 8,5 aus St 52 DSbg, 50 mm dick. Schweißung bei rd. 20°. Probekörper nach dem Versuch; bleibender Biegewinkel 110°.

Abb. 131. Probe 4,3 aus St 52 PSb, 50 mm dick. Schweißung bei rd. 200°. Probekörper nach dem Versuch; bleibender Biegewinkel 104°.

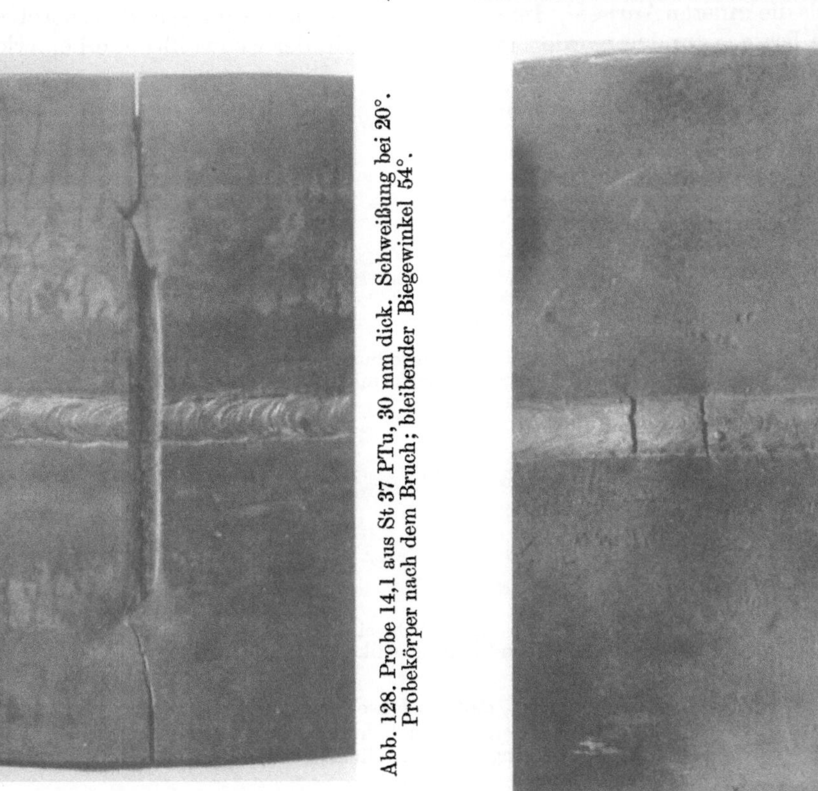

Abb. 128. Probe 14,1 aus St 37 PTu, 30 mm dick. Schweißung bei 20°. Probekörper nach dem Bruch; bleibender Biegewinkel 54°.

Abb. 130. Probe 7,2 aus St 52 DSbg, 50 mm dick. Schweißung bei rd. 400°. Probekörper nach dem Versuch; bleibender Biegewinkel 97°.

bei 20° geschweißt waren, brachen über die ganze Plattenbreite nach mäßiger Form-änderung. Die in Abb. 131 dargestellte Probe, die nach Anwärmen auf 200° geschweißt

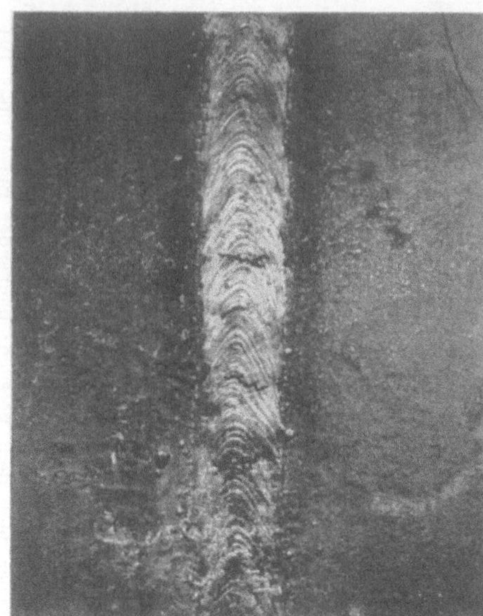

war, ist nur in der Schweißraupe und wenig darüber hinaus gerissen. In den Proben, die vor dem Schweißen bis 400° angewärmt waren, entstanden die Anrisse auf der Mitte der Raupe; sie blieben so fein, daß sie in Abb. 132 nachgezeichnet werden mußten, um im Bild sichtbar zu sein.

Aus allen Beobachtungen erhellt, daß die Risse von der Schweißraupe ausgingen. Dies ist auch dem Aussehen der Bruchquerschnitte zu entnehmen (vgl. Abb. 133 und 134). Um weitergehende Aufschlüsse über die Rißentwicklung zu bekommen, insbesondere um zu erfahren, ob die Querrisse in den Schweiß-raupen innen unter kleineren Biegewinkeln vorhanden waren als sie außen entdeckt wurden, sind die in Zusammenstellung 18 genannten Proben nur soweit gebogen worden, daß sie außen entweder Anrisse oder noch keine Anrisse zeigten. Die verformten Proben wurden nun im Gebiet der Schweißraupe und des Übergangs der Raupe zum Grundwerkstoff in der Längsrichtung in 0,5 oder 1,0 oder 1,5 mm dicken Schichten abgehobelt, geschlichtet, poliert und auf Risse untersucht. Die Ergebnisse sind in Zusammen-stellung 18 niedergelegt. Hieraus ergibt sich, daß bei der Biegeprobe nach Abb. 118 die ersten Risse außen mit etwas größerem Biegewinkel beobachtet

Abb. 132. Probe 4,15 aus St 52 PSb,
50 mm dick. Schweißung bei rd. 400°.
Probekörper nach dem Versuch;
bleibender Biegewinkel 97°.

worden sind als die inneren Anrisse[1]. Im Übergang der Raupe zum Grundwerkstoff sind mikro-skopisch feine Risse gefunden worden, ehe die Risse in der Schweißraupe bemerkbar waren.

Abb. 133. Probe 1,1 aus St 52 DSb, 50 mm dick. Schweißung bei rd. 20°. Bruchfläche des Probekörpers;
bleibender Biegewinkel 7°.

Abb. 134. Probe 14,1 aus St 37 PTu, 30 mm dick. Schweißung bei 20°. Bruchfläche des Probekörpers;
bleibender Biegewinkel 54°.

---

[1] Bei Zugversuchen hat Grosse festgestellt, daß die Risse innen bei kleinerer Belastung und bei kleinerer Dehnung auftraten als außen, und zwar im Übergang der Schweißnaht zum Grundwerkstoff. Die Spannungs-verteilung in der Schweißnaht und im Übergang der Schweißnaht zum Grundwerkstoff ist beim Zugversuch ungünstiger als beim Biegeversuch.

e) Biegewinkel beim ersten Anriß.
Durchbiegungen der Breitflachstähle beim Biegeversuch.

Die bleibenden Biegewinkel, die bei Beobachtung des 1. Anrisses vorhanden waren, sind in den Zusammenstellungen 19 bis 22 für einen großen Teil der Versuche zahlenmäßig, in Abb. 135 überdies für alle Versuche, die vergleichsweise mit den Werkstoffen der Zusammenstellung 16 gemäß Abb. 118 ausgeführt worden sind, zeichnerisch wiedergegeben.

Die beim Auftreten des 1. Anrisses festgestellten bleibenden Biegewinkel sind in Abb. 135 durch schwarze Säulen dargestellt. Die Reihenfolge der in Abb. 135 unten angegebenen Stahlsorten ist dieselbe wie in Zusammenstellung 16.

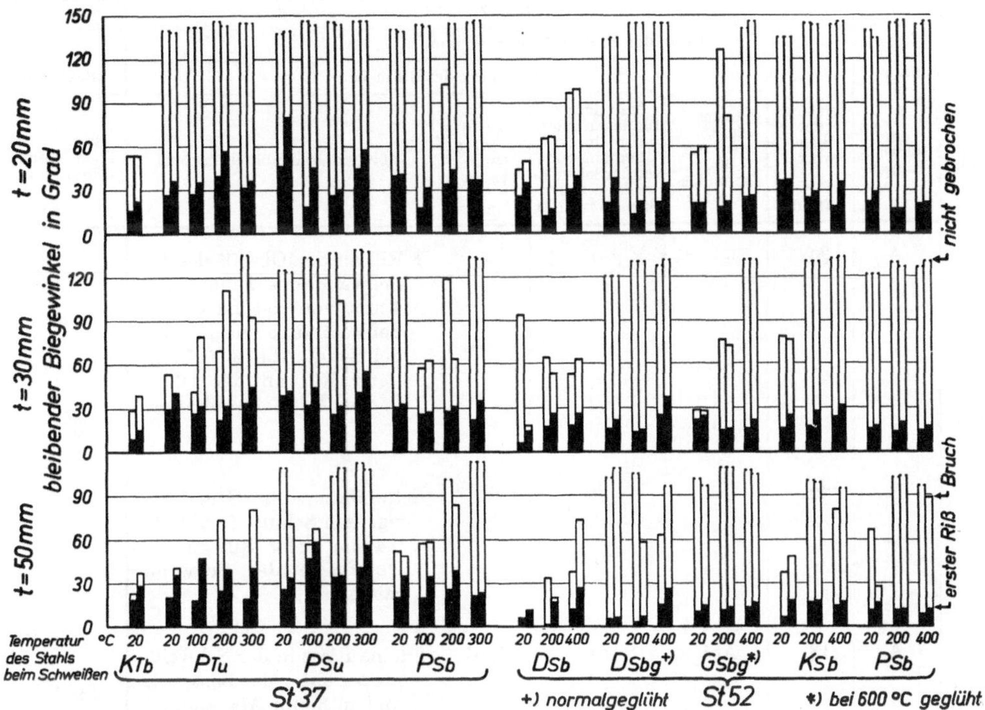

Abb. 135. Bleibende Biegewinkel nach der Beobachtung des 1. Anrisses (schwarze Säulen) und nach dem Bruch (helle geschlossene Säulen) oder am Schluß des Versuchs (offene Säulen).

Aus den Zusammenstellungen 19 bis 22 und aus Abb. 135 ist folgendes zu entnehmen.

α) *Die bleibenden Biegewinkel, die bei Beobachtung des 1. Anrisses vorhanden waren,* im folgenden α_R genannt, *sind mit den verschiedenen Sorten St 37 und St 52 sehr verschieden ausgefallen.* Es fand sich

	mit St 37	mit St 52
bei rd. 20° aufgelegten Schweißraupen		
für $t = 20$ mm . . . $\alpha_R = 15{,}5$ bis $79{,}5°$	20 bis $37{,}5°$
für $t = 30$ mm . . . $\alpha_R = 9$ bis $42°$	6 bis $25{,}5°$
für $t = 50$ mm . . . $\alpha_R = 19$ bis $36{,}5°$	$6{,}5$ bis $19°$
bei rd. 200° aufgelegten Schweißraupen		
für $t = 20$ mm . . . $\alpha_R = 25{,}5$ bis $56°$	11 bis $28°$
für $t = 30$ mm . . . $\alpha_R = 22{,}5$ bis $32°$	$13{,}5$ bis $28°$
für $t = 50$ mm . . . $\alpha_R = 25{,}5$ bis $40°$	$1{,}7$ bis $19°$
bei 400° C aufgelegten Schweißraupen		
für $t = 20$ mm . . . . $\alpha_R = 17{,}5$ bis $38{,}5°$	
für $t = 30$ mm . . . . $\alpha_R = 14{,}5$ bis $37{,}5°$	
für $t = 50$ mm . . . . $\alpha_R = 9$ bis $27°$	

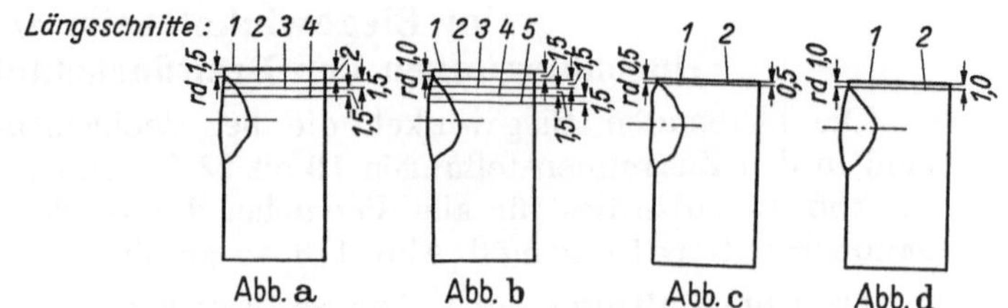

Zusammen-
Risse in Flachstählen mit Schweißraupe, unter

1	2	3	4	5	6	7	8	9	10	11
					Dicke der Breitflachstähle 20 mm				Dicke der	
Bezeichnung des Werkstoffs	Bezeichnung		Bleibender Biegewinkel	Ergebnisse der Rißsuche				Bezeichnung		Bleibender Biegewinkel
	der Flachstähle	der Schweißraupen s. Abb. e	Grad	Längsschnitt, in dem die Risse gefunden wurden	Zahl der gefundenen Querrisse in der Übergangszone von der Schweißraupe zum Grundwerkstoff	Länge des größten Querrisses mm	Äußerlich erkennbarer Zustand	der Flachstähle	der Schweißraupen s. Abb. e	Grad
St 37 PSu	12.5	A	34	—	0	—	1 Riß an der Oberfläche der Schweißraupe 3 mm lang, 4 mm von der Laststelle. Schweißraupe porig. Am Schnitt 4, Abb. a, 0,7 mm tiefer Riß an der Oberfläche der Schweißraupe.	11.5	A	26
		B	30	—	0	—	Schweißraupe am Grund porig. Am Schnitt 5, Abb. b, 0,4 mm tiefer Riß an der Oberfläche der Schweißraupe.		B	22
St 52 DSb ungeglüht	6.A.1	A	13	1, Abb. b	30	0,16	2 feine Risse in der Schweißraupe, unter der Laststelle und in 8 mm Abstand.	4.9	A	3
		B	9	1, Abb. a	20	0,16	—		B	
St 52 DSbg normal geglüht	12.5	A	10,5	—	0	—	Schweißraupe am Grund porig.	11.5	A	9,5
St 52 KSb	20.3.1	A	15,5	—	0	—	3 feine Risse an der Oberfläche der Schweißraupe. Schweißraupe am Grund porig.	30.3.1	A	12
		B	12,5	—	0	—	Schweißraupe am Grund sehr porig.		B	10

Die kleinsten Biegewinkel α_R waren hiernach bei St 37 9°, bei St 52 1,7°. Im ganzen ist α_R bei St 37 größer ausgefallen als bei St 52. Die geglühten Stähle DSbg und GSbg erwiesen sich in bezug auf α_R nicht höherwertig als die andern nichtgeglühten Stähle.

β) Die Einzelwerte α_R der zusammengehörigen Proben desselben Stahls waren beim St 52 DSb durchweg sehr verschieden, bei andern Stählen (z. B. St 37 PTu, St 52 DSbg) weniger und nicht durchweg erheblich verschieden, bei allen Stählen immer-

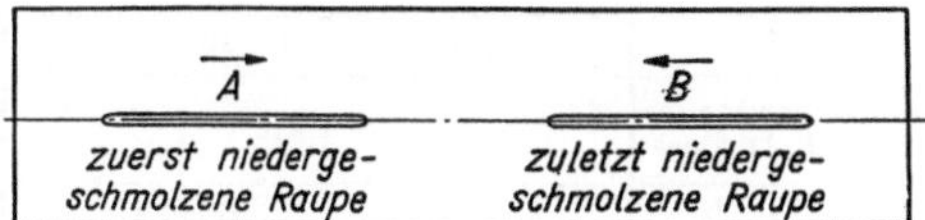

Abb. e

stellung 18.
dem Mikroskop gesucht (200fache Vergrößerung).

12	13	14	15	16	17	18	19	20	21
Breitflachstähle 30 mm			Dicke der Breitflachstähle 50 mm						
Ergebnisse der Rißsuche			Bezeichnung			Ergebnisse der Rißsuche			
Längs-schnitt, in dem die Risse gefunden wurden	Zahl der gefundenen Querrisse in der Übergangszone von der Schweißraupe zum Grundwerkstoff	Äußerlich erkennbarer Zustand	der Flach-stähle	der Schweiß-raupen s. Abb. e	Bleiben-der Biege-winkel Grad	Längs-schnitt, in dem die Risse gefunden wurden	Zahl der gefundenen Querrisse in der Übergangszone von der Schweißraupe zum Grundwerkstoff	Länge des größten Quer-risses mm	Äußerlich erkennbarer Zustand
—	0	4 Risse an der Oberfläche der Schweißraupe, bis 8 mm lang. Am Schnitt 5, Abb. b, etwa 1,5 mm tiefer Riß in der Schweißraupe.	10.5	B	22	—	0	—	2 Risse an der Oberfläche der Schweißraupe, 2 und 10 mm lang.
			10.5	A	2,5	—	0	—	—
—	0	Riß an der Oberfläche der Schweißraupe, 10 mm von der Laststelle. Schweißraupe am Grund sehr porig.	10.6	B	15,5	—	0	—	—
			10.6	A	13,5	—	0	—	—
1, Abb. c	60	—	3.1	B	6	1, Abb. a	90	0,2	—
			3.1	A	2	—	0	—	—
			3.2	A	4,5	1, Abb. c	30	—	—
2, Abb. c	7	—	9.1	B	6,5	2, Abb. d	6	0,06	—
			9.1	A	2,5	—	0	—	—
			9.2	A	4	1, Abb. c	4	—	—
—	0	4 Risse in der Schweiß-raupe, bis 3,5 mm lang.	1.5	B	7	1, Abb. c	50	0,2	—
			1.5	A	2,5	—	0	—	—
			1.6	A	4,5	1, Abb. c	11	—	—
—	0	—							

hin meist mehr verschieden als bei den bisher üblichen normengemäßen Kennzahlen der Stähle[1].

　　γ) *Die Biegewinkel α_R nahmen im allgemeinen mit wachsender Dicke der Breit-flachstähle ab.* Allerdings sind verhältnismäßig viele Ausnahmen aufgetreten; auch

---

[1] Ob diese Abweichungen der Einzelwerte eine Folge der Eigenschaften der Breitflachstähle sind, oder ob die Abweichungen durch die Eigenschaften der Schweißraupe entstanden oder ob andere Umstände diese Unter-schiede wesentlich beeinflussen, muß zur Zeit dahingestellt bleiben.

Zusammen-

Biegeversuche nach Abb. 118 mit 20 mm dicken Breitflachstählen. Aufbringen

1	2	3	4	5	6	7		8	9		10	11
Bezeichnung des Werkstoffs	Bezeichnung der Platten	Breite der Platten	Dicke der Platten	Länge der Schweißraupe	Biegespannung bei Beginn des Zunderabspringens	Ablesung unmittelbar vor der Beobachtung des 1. Anrisses			1. Anriß			
						Belastung (Biegeanstrengung)		Gesamter Biegewinkel	Belastung (Biegespannung)		Biegewinkel	
											Gesamter	Bleibender
Zeichen		mm	mm	mm	kg/mm²	t	kg/mm²	Grad	t	kg/mm²	Grad	Grad
St 37 KTb	1.1	252,0	20,2	202	44,2	11,0	(54,6)	14	11,5	(57,1)	18	15,5
	2.8	250,6	20,1	207	43,8	12,5	(63,0)	21,5	12,7	(64,2)	25	22,5
St 37 PTu	15.1	251,0	20,7	203	47,4	—	—	—	12,5	(59,3)	29,5	26,5
	15.16	251,0	20,8	208	44,6	—	—	—	13,7	(64,3)	39	36
St 37 PSu	12.1	251,0	21,2	209	40,7	—	—	—	14,05	(63,5)	83	79,5
	12.16	251,0	21,0	208	41,5	—	—	—	13,3	(61,3)	47	45,5
St 37 PSb	9.1	250,8	21,4	206	45,3	—	—	—	15,7	(69,7)	41,5	39
	9.16	250,8	21,5	213	44,0	—	—	—	16,1	(70,8)	42,5	40
St 52 DSb	6.1	253,0	19,8	208	51,4	—	—	—	20,0	(102,8)	38	34
	6 A.9	251,5	20,0	212	—	—	—	—	20,4	(103,4)	28,5	25
St 52 DSbg	12.1	252,5	20,2	208	—	—	—	—	18,8	(93,1)	22	20,5
	12.21	253,0	20,2	207	—	—	—	—	20,1	(99,3)	41,5	37,5
St 52 GSbg	1.1	253,0	20,0	214	70,5	—	—	—	18,5	(93,2)	23,5	20
	2.12	253,0	20,1	214	72,3	—	—	—	18,6	(92,8)	23,5	20
St 52 KSb	1.1	200,5	20,5	208	57,5	—	—	—	15,1	(91,4)	39,5	36,0
	2.4	199,8	20,4	205	58,3	—	—	—	14,6	(89,5)	39,5	35,5
St 52 PSb	6.1	251,0	21,9	205	—	—	—	—	20,0	(84,7)	30,5	27,5
	6.16	251,0	21,8	215	—	—	—	—	18,1	(77,4)	24	21

stellung 19.

der Schweißraupen bei einer Temperatur der Platten von 20° C ($\pm$ 10° C).

12	13	14
Verhalten nach der Beobachtung des 1. Anrisses	Bleibender Biegewinkel α nach dem Bruch bzw. am Schluß des Versuchs Grad	Bemerkungen
Es treten drei weitere Anrisse auf. Der 1. Anriß verlängert sich unter einer Belastung von 14,8 t auf etwa 10 cm, später über die Plattenbreite.	54	Die Bruchstelle liegt 18 mm aus der Mitte.
Es treten sechs weitere Anrisse auf. Der 1. Anriß verlängert sich plötzlich über die Plattenbreite.	54	Die Bruchstelle liegt 3 mm aus der Mitte.
Es tritt ein weiterer Riß auf. Der Probekörper wird soweit wie möglich durchgebogen. Der 1. Anriß verlängert sich.	139,5	Der 1. Anriß liegt 3 mm von der Mitte; er hat sich auf rd. 5 cm verlängert und klafft 17 mm.
Der 2. Anriß hat sich plötzlich auf 5 cm verlängert. Der Riß geht durch ein Schlackenloch. Platte soweit wie möglich durchgebogen.	138,5	Der 2. Anriß liegt 12 mm von der Mitte; er hat sich auf 11 cm verlängert und klafft 22 mm. Es sind keine weiteren Anrisse zu sehen.
Es treten sechs weitere Risse auf. Der Probekörper wird soweit wie möglich durchgebogen.	138,5	Von den 7 Rissen erstrecken sich drei über die Raupenbreite.
Der 1. Anriß verlängert sich. Ein weiterer Anriß tritt auf. Der Probekörper wird soweit wie möglich durchgebogen.	137	Der 1. Anriß liegt 5 mm von der Mitte; er hat sich auf 6 cm verlängert und klafft 10 mm.
Es treten drei weitere Risse auf. Der Probekörper wird soweit wie möglich durchgebogen.	139,5	2 Risse klaffen rd. 5 mm.
Der 1. Anriß verlängert sich. Der Probekörper wird soweit wie möglich durchgebogen.	138,5	Es sind keine weiteren Risse zu sehen. Der 1. Anriß hat sich auf 60 mm verlängert und klafft 18 mm.
Der 1. Anriß verlängert sich. Bei einer Belastung von 20,4 t tritt plötzlich der Bruch ein.	48,5	1. Anriß 16 mm von Mitte. 3 mm von der Mitte befindet sich die Bruchstelle.
Es treten drei weitere Anrisse auf. Bei einer Belastung von 22,0 t tritt plötzlich der Bruch über die ganze Plattenbreite ein.	43	Die Bruchstelle liegt 14 mm aus der Mitte.
Es treten weitere Anrisse auf. Der 1. Anriß verlängert sich. Der Probekörper wird soweit wie möglich durchgebogen.	133,5	Der 1. Anriß liegt 2 mm von der Mitte; er hat sich auf rd. 14,5 cm verlängert und klafft 23 mm.
Der 1. Anriß verlängert sich. Der Probekörper wird soweit wie möglich durchgebogen. Es treten keine weiteren Risse auf.	134	Der Riß liegt 4 mm von der Mitte; er hat sich auf rd. 12 cm verlängert und klafft 21 mm.
Unter der Belastung von 20,6 t verlängert sich der 1. Anriß plötzlich über die ganze Plattenbreite. Es treten weitere Risse auf.	rd. 55	Die Bruchstelle befindet sich 5 mm von der Mitte. Es sind zwei weitere Risse zu sehen.
Der 1. Anriß verlängert sich über die ganze Plattenbreite.	59	Die Bruchstelle befindet sich 10 mm von der Mitte. Es ist ein weiterer Anriß zu sehen.
Der 1. Anriß verlängert sich. Der Probekörper wird soweit wie möglich durchgebogen. Es treten fünf weitere Anrisse auf.	134	Der 1. Anriß hat sich auf rd. 8 cm verlängert und klafft 11 mm. Die Rißstelle befindet sich in der Mitte.
Es treten drei weitere Anrisse auf. Der Probekörper wird soweit wie möglich durchgebogen.	134	Die Risse erstrecken sich nur über die Raupenbreite.
Es treten sechs weitere Risse auf. Der Probekörper wird soweit wie möglich durchgebogen.	133,5	Der Riß in der Mitte hat sich auf 32 mm verlängert; er klafft 10 mm. Der 1. Anriß befindet sich 20 mm von der Mitte.
Es treten fünf weitere Risse auf. Der Probekörper wird soweit wie möglich durchgebogen.	139	Der 2. Anriß hat sich auf 35 mm verlängert; er klafft 14 mm.

Zusammen-

Biegeversuche nach Abb. 118 mit 30 mm dicken Breitflachstählen. Aufbringen

1	2	3	4	5	6	7		8	9		10	11
Bezeichnung des Werkstoffs	Bezeichnung der Platten	Breite der Platten	Dicke der Platten	Länge der Schweißraupe	Biegespannung bei Beginn des Zunderabspringens	Ablesung unmittelbar vor der Beobachtung des 1. Anrisses Belastung (Biegeanstrengung)		Gesamter Biegewinkel	1. Anriß Belastung (Biegespannung)		Biegewinkel Gesamter	Biegewinkel Bleibender
Zeichen		mm	mm	mm	kg/mm²	t	kg/mm²	Grad	t	kg/mm²	Grad	Grad
St 37 KTb	1.1	261,0	30,8	300	40,2	18,0	(50,2)	9,5	18,5	(51,6)	10,5	9
	2.8	253,8	30,4	268	46,2	19,5	(57,4)	15	20,0	(58,8)	17,5	15,5
St 37 PTu	14.1	251,1	31,2	252	40,7	—	—	—	21,25	(60,0)	31,5	30
	14.16	250,8	31,2	254	41,0	—	—	—	23,1	(65,3)	—	41
St 37 PSu	11.1	250,7	31,5	251	—	—	—	—	20,9	(57,9)	43,5	42
	11.16	250,8	31,6	242	39,5	—	—	—	21,45	(59,2)	41,5	39
St 37 PSb	8.1	250,8	31,9	296	43,3	—.	—	—	24,1	(65,2)	34,5	33
	8.16	250,9	32,0	285	44,1	—	—	—	23,9	(64,2)	33,5	31,5
St 52 DSb	4.1	254,6	29,8	292	58,0	—	—	—	20,4	(62,2)	7	6
	5.9	252,9	30,0	281	59,2	—	—	—	25,8	(78,3)	15	14
St 52 DSbg	10.1	253,3	30,7	289	—	—	—	—	26,6	(77,2)	19	16
	11.9	252,3	30,1	275	66,4	—	—	—	27,7	(83,6)	25	22
St 52 GSbg	1.1	250,3	30,4	306	59,6	—	—	—	29,75	(88,6)	28	22,5
	3.17	250,5	30,3	288	55,5	—	—	—	28,2	(84,7)	29	25
St 52 KSb	1.1	200,0	29,8	276	54,4	—	—	—	20,0	(77,7)	19,5	16,5
	2.4	200,9	29,7	275	54,5	—	—	—	20,4	(79,5)	29,5	25,5
St 52 PSb	5.1	251,2	31,7	307	73,0	—	—	—	28,5	(77,9)	19	16
	5.16	251,3	31,9	289	62,8	—	—	—	29,4	(79,4)	21	18

stellung 20.

der Schweißraupen bei einer Temperatur der Platten von 20° C ($\pm$ 10° C).

12	13	14
Verhalten nach der Beobachtung des 1. Anrisses	Bleibender Biegewinkel α nach dem Bruch bzw. am Schluß des Versuchs Grad	Bemerkungen
Der 1. Anriß verlängert sich unter einer Belastung von 21,8 t plötzlich auf etwa 4,5 cm, bei weiterem Durchbiegen über die Plattenbreite.	29	Die Bruchstelle liegt 12 mm aus der Mitte. Es ist kein weiterer Anriß zu sehen.
Es treten sieben weitere Anrisse auf. Der 1. Anriß verlängert sich plötzlich über die Plattenbreite.	39	Die Bruchstelle liegt etwa in der Mitte.
Der 1. Anriß verlängert sich plötzlich über die ganze Plattenbreite.	54	Es sind keine weiteren Anrisse zu sehen. Die Bruchstelle liegt 6 mm von der Mitte.
Der 1. Anriß und der Bruch treten gleichzeitig auf.	41	Die Bruchstelle liegt 18 mm von der Mitte. Der Riß geht durch ein Schlackenloch.
Es treten zwei weitere Anrisse auf. Der Probekörper wird soweit wie möglich durchgebogen.	124	Der 1. Anriß liegt 5 mm von der Mitte. Der Riß hat sich auf 9 cm verlängert; er klafft 20 mm.
Es treten ein weiterer Anriß auf. Der 2. Anriß verlängert sich. Der Probekörper wird so weit wie möglich durchgebogen.	125	Der 2. Anriß liegt 15 mm von der Mitte entfernt; er hat sich auf rd. 20 cm verlängert; er klafft 32 mm.
Der 1. Anriß verlängert sich. Der Probekörper wird soweit wie möglich durchgebogen.	120	Der 1. Anriß liegt rd. 5 mm von der Mitte; er hat sich auf 14 cm verlängert und klafft 40 mm. Es sind keine weiteren Anrisse zu sehen.
Der 1. Anriß verlängert sich. Es treten zwei weitere Anrisse auf. Der Probekörper wird soweit wie möglich durchgebogen.	120	Der 1. Anriß liegt 5 mm von der Mitte; der Riß hat sich auf rd. 16 cm verlängert und klafft 40 mm.
Der 1. Anriß erscheint hörbar; er verlängert sich über die ganze Plattenbreite. Es sind zwei weitere Risse aufgetreten.	94	Die Bruchstelle liegt rd. 10 mm von der Mitte. Der 1. Anriß klafft 22 mm. Der Riß erstreckt sich von dem stark ausgeprägten Mittelteil über die ganze Plattenbreite.
Der 1. Anriß erscheint plötzlich (rd. 12 cm lang). Bei weiterem Durchbiegen verlängert sich der 1. Anriß über die ganze Plattenbreite.	18	Die Rißstelle liegt 8 mm von der Mitte. Es sind keine weiteren Anrisse zu sehen.
Es treten sechs weitere Anrisse auf. Der Probekörper wird soweit wie möglich durchgebogen.	121	Der 1. Anriß klafft 6 mm. Die Risse erstrecken sich nur über die Schweißraupenbreite.
Es treten acht weitere Anrisse auf. Der Probekörper wird soweit wie möglich durchgebogen.	121	Der 1. Anriß klafft 6 mm.
Es treten zwei weitere Anrisse auf. Der 1. Anriß verlängert sich über die ganze Plattenbreite.	29	Die Bruchstelle liegt 10 mm von der Mitte.
Der 1. Anriß verlängert sich plötzlich über die ganze Plattenbreite.	28,5	Die Bruchstelle liegt 17 mm von der Mitte. Es ist kein weiterer Anriß zu sehen.
Es treten zwei weitere Anrisse auf. Der 1. Anriß verlängert sich fast über die ganze Plattenbreite.	79	Die Bruchstelle liegt 18 mm von der Mitte. Probekörper hält an einer Seite noch zusammen.
Es tritt ein weiterer Anriß auf. Der 1. Anriß verlängert sich über die ganze Plattenbreite.	77	Die Bruchstelle liegt 17 mm von der Mitte.
Es treten fünf weitere Anrisse auf. Der Probekörper wird soweit wie möglich durchgebogen.	122	Der 1. Anriß hat sich auf 45 mm verlängert; er klafft 6 mm.
Es treten sieben weitere Anrisse auf. Der Probekörper wird soweit wie möglich durchgebogen.	122	Der größte Riß ist 42 mm lang; er klafft 5 mm.

Zusammen-

Biegeversuche nach Abb. 118 mit 50 mm dicken Breitflachstählen. Aufbringen

1	2	3	4	5	6	7		8	9		10	11
						Ablesung unmittelbar vor der Beobachtung des 1. Anrisses			1. Anriß			
Bezeichnung des Werkstoffs	Bezeichnung der Platten	Breite der Platten	Dicke der Platten	Länge der Schweißraupe	Biegespannung bei Beginn des Zunderabspringens	Belastung (Biegeanstrengung)		Gesamter Biegewinkel	Belastung (Biegespannung)		Biegewinkel	
											Gesamter	Bleibender
Zeichen		mm	mm	mm	kg/mm²	t	kg/mm²	Grad	t	kg/mm²	Grad	Grad
St 37 KTb	1.1	245,0	48,3	276	39,7	30,0	(55,2)	18,5	30,7	(56,4)	21	19
	2.6	248,2	51,7	236	41,1	38,0	(60,2)	30,5	38,5	(60,9)	31	29
St 37 PTu	13.1	251,0	51,0	514	41,0	32,6	(52,4)	17	32,9	(52,9)	—	21
	13.16	251,0	51,3	260	39,8	37,8	(60,0)	37,5	38,0	(60,4)	38,5	36,5
St 37 PSu	10.1	250,7	50,8	278	26,8	31,0	(50,3)	28	32,1	(52,1)	37	34,5
	10.16	250,5	50,6	265	30,8	30,2	(49,4)	21,5	31,6	(51,7)	28,5	26,5
St 37 PSb	7.1	250,5	49,4	509	37,0	33,5	(57,5)	30	35,2	(60,5)	36,5	35,5
	7.16	250,5	49,3	269	36,2	—	—	—	30,5	(52,6)	24	21
St 52 DSb	1.1	253,0	49,6	510	45,0	—	—	—	34,0	(57,4)	—	6,5
	2.5	252,0	49,4	255	—	33,7	(57,6)	4,8	34,2	(58,4)	—	12,5
St 52 DSbg	7.1	253,3	49,8	318	—	41,0	(68,5)	8,2	41,1	(68,8)	9	6,5
	8.5	253,0	49,7	308	—	40,6	(68,2)	8,3	41,3	(69,4)	10	7,5
St 52 GSbg	5.15	250,4	49,8	270	54,1	36,6	(61,9)	9,1	38,0	(64,3)	12,5	11
	5.30	250,0	49,7	308	57,8	40,0	(68,0)	13,3	42,5	(72,3)	18	15,5
St 52 KSb	1.1	253,2	47,0	270	55,4	38,0	(71,4)	18,8	39,5	(74,2)	23	19
	1.16	245,8	46,9	252	56,2	32,0	(62,1)	9,1	32,2	(62,5)	9,5	7,5
St 52 PSb	4.1	251,5	52,0	512	—	46,2	(71,3)	17	47,8	(73,8)	19	17,5
	4.16	251,5	52,1	280	52,3	38,6	(59,3)	8,5	42,8	(65,8)	14,5	12

stellung 21.
der Schweißraupen bei einer Temperatur der Platten von 20° C ($\pm$ 10° C).

12	13	14
Verhalten nach der Beobachtung des 1. Anrisses	Bleibender Biegewinkel α nach dem Bruch bzw. am Schluß des Versuchs Grad	Bemerkungen
Es tritt ein weiterer Anriß auf. Dieser Anriß verlängert sich plötzlich über die Plattenbreite.	24	Die Bruchstelle liegt 26 mm aus der Mitte.
Es treten zwei weitere Anrisse auf. Der 1. Anriß verlängert sich plötzlich über die Plattenbreite.	38	Die Bruchstelle liegt etwa 2 mm aus der Mitte.
Der 1. Anriß und der Bruch treten gleichzeitig auf.	21	Die Bruchstelle befindet sich 9 mm von der Mitte. Es sind keine weiteren Risse zu sehen.
Der 1. Anriß erfolgt 19 mm von der Mitte. Bei weiterer Steigerung der Belastung tritt plötzlich bei einer Belastung von $P = 38,4$ t der Bruch ein.	41	Der Bruch erfolgte 5 mm aus der Mitte, nicht an der Stelle des 1. Anrisses.
Es treten weitere Anrisse auf. Der Probekörper bricht plötzlich.	72	Die Bruchstelle liegt 36 mm aus der Mitte. Es sind sechs weitere Risse zu sehen.
Es treten weitere Anrisse auf. Der Probekörper wird soweit wie möglich durchgebogen. Die Probe ist nicht gebrochen.	110	Es sind 17 Risse zu sehen. Die Risse klaffen nur über die Raupenbreite.
Bei einer Belastung von $P = 35,7$ t tritt plötzlich der Bruch ein.	49,5	Die Bruchstelle befindet sich 45 mm von der Mitte. Der Bruch erfolgte an einer Stelle, wo kurz vorher kein Riß zu sehen war.
Bei einer Belastung von $P = 35,0$ t sind 5 Anrisse in der Schweißnaht zu sehen. Bei einer Belastung von $P = 35,7$ t tritt plötzlich der Bruch ein.	53	Die Bruchstelle befindet sich 74 mm von der Mitte. Der Bruch erfolgte an einer Stelle, wo kurz vor Eintreten des Bruches kein Riß zu sehen war. Fünf weitere Risse erstrecken sich nur über die Schweißraupenbreite.
Der 1. Anriß ist rd. 6 cm lang. Bei weiterer Durchbiegung der Platte erreicht die Belastung nicht mehr den Wert von $P = 34,0$ t; der 1. Anriß verlängert sich über die ganze Plattenbreite.	7	Die Bruchstelle befindet sich 10 mm von der Mitte. Es sind keine weiteren Anrisse zu sehen.
Der 1. Anriß und der Bruch treten gleichzeitig auf.	12,5	Die Bruchstelle befindet sich 18 mm von der Mitte. Es sind keine weiteren Anrisse zu sehen.
Es treten weitere Anrisse auf. Der Probekörper wird soweit wie möglich durchgebogen. Die Probe ist nicht gebrochen.	103	Es sind 16 Risse zu sehen. Der größte Riß ist rd. 45 mm lang; er klafft 6 mm.
Es treten weitere Anrisse auf. Der Probekörper wird soweit wie möglich durchgebogen. Die Probe ist nicht gebrochen.	110	Es sind 17 Risse zu sehen. Die größten Risse sind 35 mm lang; sie klaffen 6 mm.
Es treten weitere Anrisse auf. Der Probekörper wird soweit wie möglich durchgebogen. Die Probe ist nicht gebrochen.	102	Es wurden 12 Risse beobachtet.
Es treten weitere Anrisse auf. Der Probekörper wird soweit wie möglich durchgebogen. Die Probe ist nicht gebrochen.	97,5	Es sind 16 Risse zu sehen.
Es treten weitere Anrisse auf.	49,5	Die Bruchstelle liegt 20 mm von der Mitte. Es sind drei weitere Risse zu sehen.
Es treten weitere Anrisse auf.	38	Die Bruchstelle liegt 7 mm von der Mitte. Es sind zwei weitere Risse zu sehen.
Der 1. Anriß verlängert sich bei einer Belastung von $P = 52,8$ t plötzlich über die ganze Plattenbreite.	28	Die Bruchstelle befindet sich in der Mitte. Es sind zwei weitere Risse zu sehen.
Bei einer Belastung von 47,0 t verlängert sich der 1. Anriß auf rd. 17,5 cm. Bei weiterem Durchbiegen erreicht die Belastung nicht mehr den Wert von 47,0 t; der 1. Anriß verlängert sich über die ganze Plattenbreite.	67,5	Die Bruchstelle liegt 23 mm aus der Mitte. Es sind drei weitere Risse zu sehen.

Zusammen-

Biegeversuche nach Abb. 118 mit 50 mm dicken Breitflachstählen. Aufbringen

1	2	3	4	5	6	7		8	9		10	11
Bezeichnung des Werkstoffs	Bezeichnung der Platten	Breite der Platten	Dicke der Platten	Länge der Schweißraupe	Biegespannung bei Beginn des Zunderabspringens	Ablesung unmittelbar vor der Beobachtung des 1. Anrisses Belastung (Biegeanstrengung)		Gesamter Biegewinkel	1. Anriß Belastung (Biegespannung)		Biegewinkel Gesamter	Bleibender
Zeichen		mm	mm	mm	kg/mm²	t	kg/mm²	Grad	t	kg/mm²	Grad	Grad
St 52 DSb	1.2	250,5	49,3	343	56,9	52,0	(89,6)	29,5	52,5	(90,6)	31	27
	2.6	252,5	49,4	300	54,5	45,0	(76,7)	14,5	46,0	(78,4)	15,5	12,5
St 52 DSbg	7.2	252,6	49,8	354	68,7	54,0	(90,5)	26,5	55,0	(92,2)	29	26,5
	8.6	254,0	49,9	343	63,1	48,0	(79,7)	16	50,0	(83,0)	18,5	16
St 52 GSbg	5.16	250,5	49,8	370	64,2	43,0	(72,6)	17,5	44,0	(74,3)	19	17
	5.29	249,5	49,7	352	59,6	41,0	(69,8)	14,5	42,0	(71,5)	16,5	14
St 52 KSb	1.2	252,5	47,0	375	56,0	38,0	(71,5)	15,5	38,5	(72,4)	17,5	15
	1.15	245,5	47,0	299	54,2	38,0	(73,6)	20	38,5	(74,5)	21	18
St 52 PSb	4.2	251,5	51,9	343	62,0	47,0	(72,8)	13	48,0	(74,4)	14,5	12,5
	4.15	251,5	52,0	340	61,8	45,0	(69,5)	9	46,0	(71,0)	10,5	9

ist die Abnahme verschieden groß ausgefallen.   Es fand sich im Mittel unter anderem bei

<pre>
                                              t =   20   30   50 mm
     mit Schweißraupen, die bei 20° aufgelegt waren,
           bei St 37 PSb . . . . α_R =   39°   32°   28°
           bei St 37 PTu . . . . α_R =   31°   35°   29°
           bei St 52 DSb . . . . α_R =   29°   10°   9°
           bei St 52 PSb . . . . α_R =   24°   17°   15°
     mit Schweißraupen, die bei 200° aufgelegt waren,
           bei St 52 DSb . . . . α_R =   13°   22°   10°
           bei St 52 PSb . . . . α_R =   16°   17°   12°
</pre>

stellung 22.

der Schweißraupen bei einer Temperatur der Platten von 400° C ($\pm\,10°$).

12	13	14
Verhalten nach der Beobachtung des 1. Anrisses	Bleibender Biegewinkel α nach dem Bruch bzw. am Schluß des Versuchs Grad	Bemerkungen
Es treten viele weitere Anrisse auf, darunter 10 Risse bis 4 mm Länge. Nach $P_{max} = 57,6$ t tritt plötzlicher Bruch ein.	74	Die Bruchstelle liegt 18 mm von der Mitte.
Es treten zwölf weitere Anrisse auf (Länge bis 4 mm). Unter $P = 57,6$ t erfolgt plötzlicher Bruch.	38	Die Bruchstelle liegt 60 mm aus der Mitte.
Es treten 18 weitere Anrisse auf. Der Probekörper wird soweit wie möglich durchgebogen.	97	2 Anrisse erstrecken sich über die Raupenbreite.
Es treten viele weitere Anrisse auf, darunter 6 Anrisse bis 4 mm Länge. Unter $P = 58,6$ t bricht der Probekörper plötzlich.	63,5	Die Bruchstelle liegt etwa in Mitte. Der Riß ist etwa 25 mm tief und klafft 3 bis 5 mm.
Es treten viele weitere Anrisse auf. Der Probekörper wird soweit wie möglich durchgebogen.	105	Es sind 22 Anrisse zu sehen, die länger als 3 mm sind. 3 Anrisse haben sich auf Raupenbreite verlängert. Außerdem ist noch eine große Zahl kürzerer Anrisse zu sehen.
Es treten viele weitere Anrisse auf. Der Probekörper wird soweit wie möglich durchgebogen.	108	Es sind 22 Anrisse zu sehen, die länger als 3 mm sind. Von diesen haben sich 3 Anrisse auf Raupenbreite verlängert. Außerdem ist noch eine große Zahl kürzerer Anrisse zu sehen.
Es treten viele weitere Anrisse auf. Unter $P = 38,0$ t (nach Überschreiten der Höchstlast) bricht der Probekörper plötzlich.	81	Die Bruchstelle liegt 5 mm von der Mitte. Es sind 20 Anrisse zu sehen, die sich auf rd. 4 mm verlängert haben. Außerdem ist noch eine große Zahl kürzerer Anrisse zu sehen.
Es treten viele weitere Anrisse auf. Der Probekörper wird soweit wie möglich durchgebogen.	95	Es sind etwa 20 Risse zu sehen, die 3 bis 4 mm lang sind. Außerdem ist noch eine große Zahl kürzerer Anrisse zu sehen.
Es treten viele weitere Anrisse auf. Nach Erreichen der Höchstlast $P_{max} = 60,0$ t erfolgt bei $P =$ rd. 50,0 t plötzlicher Bruch des Probekörpers.	89	Die Bruchstelle liegt 17 mm aus der Mitte. 2 Anrisse haben sich über die Raupenbreite verlängert. 20 Anrisse haben sich auf 3 bis 4 mm verlängert. Außerdem ist noch eine große Zahl kürzerer Anrisse zu sehen.
Es treten viele weitere Anrisse auf. Der Probekörper wird soweit wie möglich durchgebogen.	97	Es sind 8 Anrisse zu sehen, die länger als 3 mm sind. Der längste Anriß ist 11 mm lang. Außerdem ist noch eine große Zahl kürzerer Anrisse zu sehen.

δ) *Der Biegewinkel α_R ist bei den Proben aus St 37, die vor dem Auflegen der Schweiß-raupe auf 200 oder 300° erwärmt waren, nicht oder nicht erheblich vergrößert worden*; wiederholt ist α_R bei den auf 200° erwärmten Proben kleiner ausgefallen als bei den nichterwärmten. Das Vorwärmen auf 100° hat nur bei 50 mm dicken Proben aus St 37 PSu eine Vergrößerung von α_R gebracht.

Bei den Proben aus St 52 hat das Vorwärmen auf 200° meist keine Vergrößerung von α_R gebracht; in 4 Fällen (DSb 20 und 50 mm, DSbg 20 mm, GSbg 30 mm) ist ein erheblicher Rückgang von α_R erfolgt, in einem Fall (DSb 30 mm) eine erhebliche Zunahme eingetreten. Die Erwärmung auf 400° hatte in 3 Fällen eine erhebliche

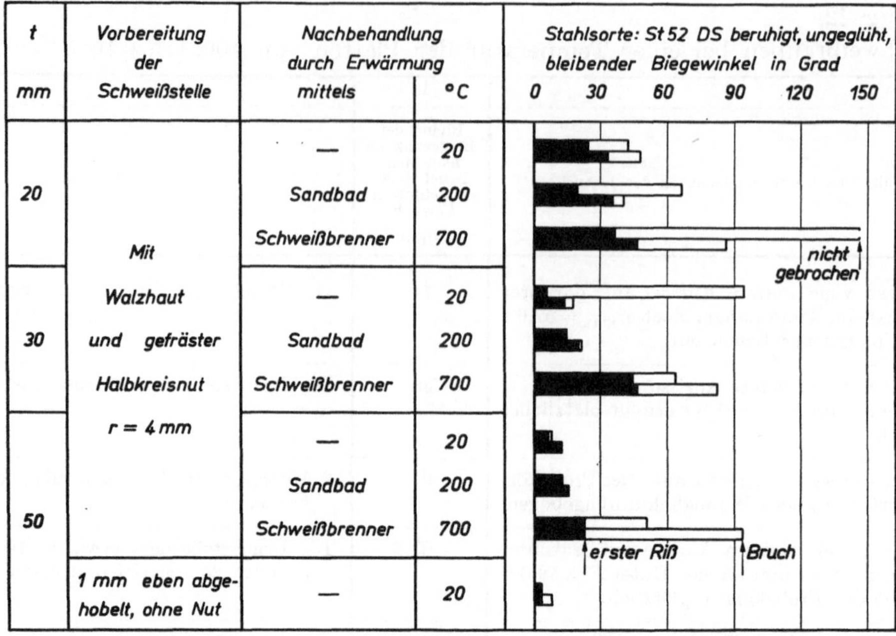

Abb. 136. Biegeversuche nach Abb. 118 mit St 52 DSb, nach verschiedener Nachbehandlung der geschweißten Proben und nach verschiedener Vorbereitung der Schweißstelle.

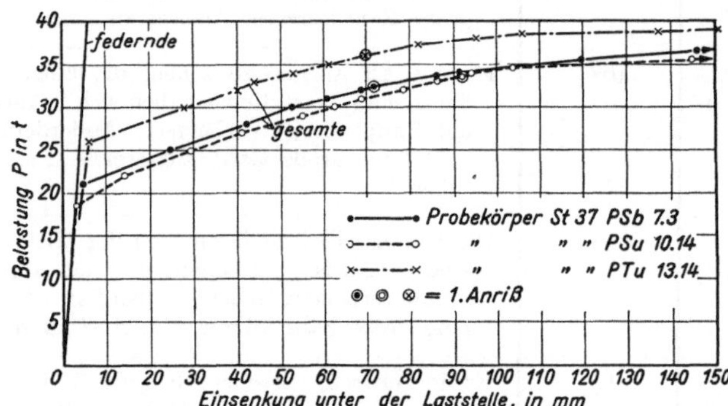

Abb. 137. Gesamte und federnde Einsenkungen von 50 mm dicken Breitflachstählen aus St 37, festgestellt beim Biegeversuch nach Abb. 118.

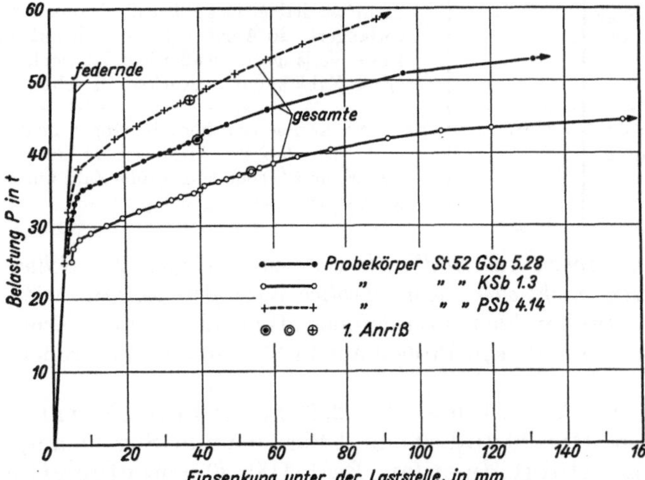

Abb. 138. Gesamte und federnde Einsenkungen von 50 mm dicken Breitflachstählen aus St 52, festgestellt beim Biegeversuch nach Abb. 118.

Steigerung von α_R zur Folge (DSb 30 und 50 mm, DSbg 30 und 50 mm); dabei handelt es sich um Stähle, die mit bei 20° aufgelegten Raupen sehr kleine Biegewinkel geliefert hatten.

ε) *Durch nachträgliches Erwärmen der Schweißraupe mit einer Gasflamme derart, daß die Raupe und der benachbarte Werkstoff rotglühend wurden,* ist α_R erheblich vergrößert worden. Das nachträgliche Erwärmen auf 200° (bei $t = 20$ mm 30 min, bei $t = 30$ mm 50 min, bei $t = 50$ mm rd. 73 min) ergab bei 30 und 50 mm dicken Proben eine kleine Vergrößerung von α_R. Abb. 136 zeigt die Ergebnisse entsprechender Versuche mit St 52 DSb im Vergleich mit Proben, die bei 20° geschweißt waren.

ζ) Abb. 136 macht durch die in der siebenten und in der letzten schwarzen Säule enthaltenen Ergebnisse aufmerksam, daß α_R von der Art der Vorbereitung der Oberfläche der Proben aus St 52 DSb erheblich beeinflußt war; die um 1 mm abgehobelte Probe, auf die die Schweißraupe ohne Nut gelegt wurde, ergab die kleineren Biegewinkel α_R (vgl. auch unter 9, S. 103f.)

η) Wichtig ist sodann der Vergleich mit den Ergebnissen der Versuche mit Werkstoffen, die sich als nicht vollwertig erwiesen hatten. Es fand sich nach

6 A d für 24 mm dicke und 180 mm breite Proben aus St 52, mit gefräster Nut (vgl. S. 54) . $\alpha_R = 13$ und $9{,}5°$
6 B c für 42 mm dicke und 250 mm breite Proben aus St 52 M 52, mit gefräster Nut (vgl. S. 56) $\alpha_R = $ 9 und 10°
7 c   für 65 mm dicke und 227 bis 257 mm breite Proben aus St 52 Ha, mit gefräster Nut
        (vgl. S. 61 und Zusammenstellung 15) . . . . $\alpha_R = $ 5,5 bis 11°
sowie für rd. 60 mm dicke und 200 mm breite Proben aus St 52 Rü, mit gefräster Nut . $\alpha_R = $ 8 und 9°

Der Vergleich mit den Zahlenreihen unter α) ergibt, daß die bemängelten Stähle verhältnismäßig kleine Biegewinkel α_R geliefert haben. Hierzu wird unter 10 (S. 108) Stellung genommen.

Bei einigen Biegeversuchen ist die Einsenkung des Breitflachstahls gemessen worden. Abb. 137 und 138 enthalten Beispiele aus diesen Versuchen. Nach dem Verlauf der Einsenkungslinien ist der 1. Anriß beobachtet worden, nachdem die Anstrengungen am Rand der Zug- und Druckzone des Breitflachstahls die Fließgrenze erheblich überschritten hatten.

f) Bleibende Biegewinkel am Schluß des Versuchs.

Die bleibenden Biegewinkel α, die nach dem Bruch der Probe vorhanden waren oder die — wenn ein Bruch nicht stattfand — in der Falteinrichtung nach Abb. 120 ohne zusätzliche Maßnahmen entstanden, sind in den Zusammenstellungen 19 bis 22, sowie in Abb. 135 zusammengefaßt.

Hieraus ergibt sich folgendes:

α) *Die Biegewinkel α sind mit den verschiedenen Sorten St 37 und St 52 sehr verschieden ausgefallen.* Es fand sich

	mit St 37	mit St 52
bei 20° aufgelegten Schweißraupen		
für $t = 20$ mm . . . . $\alpha = 54$ bis 139°	43 bis 139°
für $t = 30$ mm . . . . $\alpha = 29$ bis 125°	18 bis 122°
für $t = 50$ mm . . . . $\alpha = 21$ bis 110°	7 bis 110°
bei 200° aufgelegten Schweißraupen		
für $t = 20$ mm . . . . $\alpha = 102$ bis 146°	64,5 bis 146°
für $t = 30$ mm . . . . $\alpha = 64$ bis 137°	54 bis 131°
für $t = 50$ mm . . . . $\alpha = 40$ bis 110°	20,5 bis 110°
bei 400° aufgelegten Schweißraupen		
für $t = 20$ mm . . . . $\alpha = 96$ bis 145°	
für $t = 30$ mm . . . . $\alpha = 53{,}5$ bis 134°	
für $t = 50$ mm . . . . $\alpha = 38$ bis 108°	

Die kleinsten Biegewinkel α betrugen bei St 37 21°, bei St 52 7°. Bei beiden Stahlarten waren Lieferungen, die große Biegewinkel ertrugen, ohne daß ein Bruch eintrat. Gebrochen sind

	bei St 37	bei St 52
mit Schweißraupen, die bei 20° aufgelegt waren,		
bei $t = 20$ mm	2 Proben	4 Proben
bei $t = 30$ mm	4 Proben	6 Proben
bei $t = 50$ mm	7 Proben	6 Proben
mit Schweißraupen, die bei 200° aufgelegt waren,		
bei $t = 20$ mm	1 Probe	4 Proben
bei $t = 30$ mm	5 Proben	4 Proben
bei $t = 50$ mm	3 Proben	3 Proben
mit Schweißraupen, die bei 400° aufgelegt waren,		
bei $t = 20$ mm	—	2 Proben
bei $t = 30$ mm	—	2 Proben
bei $t = 50$ mm	—	5 Proben

β) Die Einzelwerte α von zusammengehörigen Proben sind meist erheblich verschieden ausgefallen.

γ) Die Biegewinkel α sind nach den Mittelwerten mit wachsender Dicke der Proben im allgemeinen zurückgegangen. Es fand sich unter anderem bei

	$t =$	20	30	50 mm
mit Schweißraupen, die bei 20° aufgelegt waren,				
bei St 37 PTu . . . . $\alpha =$		139°	47°	31°
bei St 52 DSb . . . . $\alpha =$		46°	56°	10°
mit Schweißraupen, die bei 200° aufgelegt waren,				
bei St 52 DSb . . . . $\alpha =$		65°	59°	27°

δ) Der Biegewinkel α ist durch Anwärmen der Probe vor dem Auflegen der Schweißraupe meist, jedoch nicht immer vergrößert worden. Ausnahmen entstanden bei St 37 PSu 50 mm dick nach Vorwärmen auf 100°, ferner 30 mm dick nach Vorwärmen auf 200°, außerdem bei St 37 PSb 30 mm dick nach Vorwärmen auf 100° und 200°, sowie bei St 52 DSbg 50 mm dick nach Vorwärmen auf 200 und 400°.

ε) Durch nachträgliches Erwärmen der Schweißraupe mit einer Gasflamme so, daß die Raupe und der benachbarte Werkstoff rotglühend wurden, ist der Biegewinkel α für den St 52 DSb bedeutend vergrößert worden.

ζ) Der geglühte St 52 DSbg lieferte große Biegewinkel.

η) Durch die Ergebnisse der siebenten und letzten Zeile der Abb. 136 wird aufmerksam gemacht, daß die Art der Vorbereitung der Oberfläche der Probe an der Schweißstelle das spätere Verhalten erheblich beeinflussen kann (vgl. auch unter 9, S. 103f.).

ϑ) Wichtig ist sodann der Vergleich der Feststellungen zu Abb. 135 mit den Ergebnissen der Versuche an Werkstoffen, die sich in Trägern und Brücken als nicht vollwertig erwiesen hatten. Es fand sich nach

6 Ad	für 24 mm dicke und 180 mm breite Proben aus St 52, mit gefräster Nut (vgl. S. 54)	$\alpha = 30$ und 29°
6 Bc	für 42 mm dicke und 250 mm breite Proben aus St 52 M 52, mit gefräster Nut (vgl. S. 56)	$\alpha = 17$ und 13°
7 c	für 65 mm dicke und 227 bis 257 mm breite Proben aus St 52 Ha, mit gefräster Nut (vgl. S. 61 und Zusammenstellung 15)	$\alpha = 18$ bis 37°
sowie	für rd. 60 mm dicke und 200 mm breite Proben aus St 52 Rü, mit gefräster Nut	$\alpha = 12{,}5$ und 18°

Alle Proben sind gebrochen. Hieraus erhellt, daß mit den praktisch mangelhaften Stählen kleine Biegewinkel α entstanden und daß diese Stähle beim Biegeversuch nach Abb. 118 gebrochen sind. Damit ist für die Auslese der Stähle, die zu geschweißten Brücken brauchbar sind, eine wichtige Feststellung gemacht. Die als brauchbar zu bezeichnenden Stähle müssen größere Biegewinkel α ertragen[1].

g) Allgemeine Bemerkungen zu den Ergebnissen der Biegeversuche. Weitere Hilfsmittel zur Beurteilung der Stähle auf ihre Brauchbarkeit für geschweißte Tragwerke.

Die Feststellungen unter d) bis f) zeigen, daß die Eignung der Stähle zu geschweißten Tragwerken mit dem Versuch nach Abb. 118 wahrscheinlich weitgehend beurteilt werden kann. Der Anwendung dieser Folgerung ist hinderlich, daß der Biegeversuch nach Abb. 118 große Proben erfordert und daß verhältnismäßig große Prüfeinrichtungen nötig sind. Deshalb ist vorgeschlagen worden, zu studieren, ob einfachere Prüfungen an die Stelle des Biegeversuchs treten können. Dazu wurden zunächst folgende Untersuchungen ausgeführt.

α) Bestimmung der größten *Härte* im Übergang von der Schweißraupe zum Grundwerkstoff, und zwar an den Proben zu den unter d) bis f) beschriebenen Biegeversuchen. Es war dabei zu verfolgen, ob irgendwelche Beziehungen zwischen der Härte des Werkstoffs in der Übergangszone und dem bleibenden Biegewinkel beim Auftreten der ersten Risse und am Schluß des Biegeversuchs bestehen.

---

[1] Bei der Erörterung dieser Feststellung wurde vorgeschlagen, zu verlangen, daß Brüche nach Abb. 124 nicht auftreten dürfen; Risse nach Abb. 125 können als zulässig bezeichnet werden.

β) Beobachtung des Verhaltens der Werkstoffe an *Proben, die nach Erwärmung auf 620 oder rd. 900° in Wasser von 20° abgeschreckt und später dem Faltversuch unterworfen wurden (Abschreckbiegeversuch).*

Die Veranlassung zu diesen Versuchen gab der Umstand, daß eine wichtige Verbrauchsstelle das Verhalten der Stähle beim Abschreckbiegeversuch als bedeutsam bezeichnet.

γ) Bestimmung der Kerbschlagzähigkeit durch den Kerbschlagbiegeversuch nach DIN Vornorm DVM A 115 mit Proben nach Abb. 139. Die Probe war in erster Linie nahe der Mitte der breiten Flächen der Breitflachstähle zu entnehmen, damit der Werkstoff geprüft wurde, auf dem jeweils die Schweißraupe lag. Ferner war es nötig, daß eine Seitenfläche der Probe die Walzhaut behielt.

Bei der Prüfung der Stähle auf Kerbschlagzähigkeit wurde von folgender Feststellung ausgegangen. Wenn beim Biegeversuch nach Abb. 118 der Werkstoff der Schweißraupe und der Übergangszonen reißt, muß der benachbarte Grundwerkstoff die vom gerissenen Querschnitt getragene Kraft plötzlich aufnehmen, ausgehend von dem Riß, der eine scharfe

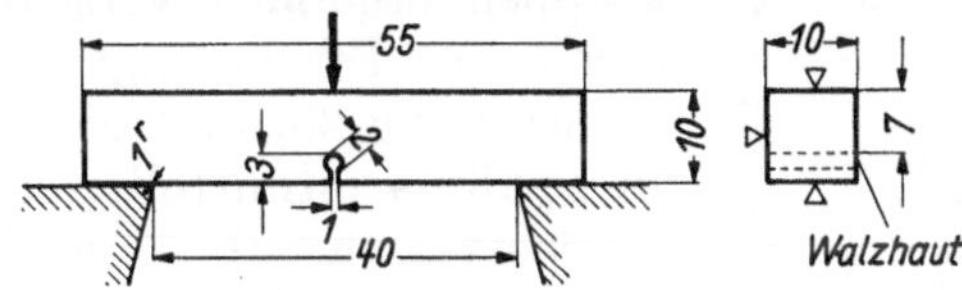

Abb. 139. Probe für die Ermittlung der Kerbschlagzähigkeit nach DIN Vornorm DVM A 115.

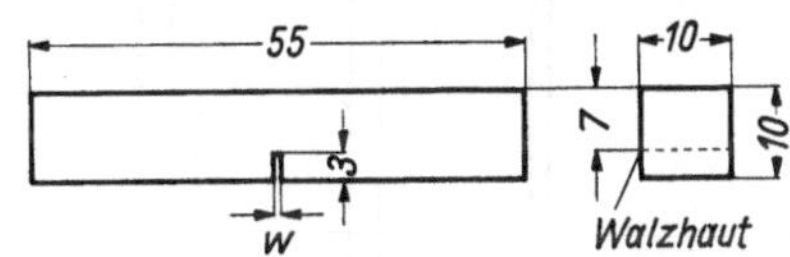

Abb. 140. Probe mit Schlitzkerb zur Ermittlung
der Kerbschlagzähigkeit (Vorschlag des Verfassers).

Kerbe darstellt. Schreitet der Riß im Grundwerkstoff rasch fort, so ist der Grundwerkstoff nicht geeignet, schlagartig auftretende Kräfte an einer Kerbe abzuleiten. Verlängert sich der Riß aus der Raupe nur unerheblich und langsam in den Grundwerkstoff, z. B. nach Abb. 122, so hemmt der Grundwerkstoff das Fortschreiten des Risses aus der Schweißraupe weitgehend.

Wenn die verschiedenen Stähle beim Kerbschlagbiegeversuch ähnliche Unterschiede liefern würden wie beim Biegeversuch nach Abb. 118, so könnte der Kerbschlagbiegeversuch an die Stelle des Biegeversuchs nach Abb. 118 treten.

δ) Unter k) wird gezeigt, daß die gewünschte Unterscheidung der Stähle mit dem Kerbschlagbiegeversuch nach DIN Vornorm DVM A 115 nicht ausreichend möglich erscheint. Es sind deshalb noch Kerbschlagbiegeversuche mit Proben nach Abb. 140 ausgeführt worden. Die Kerben sind in der Probe nach Abb. 140 viel schärfer als bei der normengemäßen Probe (Näheres S. 92f).

ε) Weiterhin ist auf Anregung von Prof. Dr. Eilender die Korngröße nach McQuaid-Ehn festgestellt worden (vgl. S. 102). Dr. O. Werner machte außerdem dilatometrische Messungen gemäß seinen Darlegungen in der Zeitschrift „Elektroschweißung" 1939, S. 145f. (vgl. S. 103).

h) Härte des Werkstoffs im Einlieferungszustand und im Übergang der Schweißnaht zum Grundwerkstoff.

Die Härte des Werkstoffs im Einlieferungszustand wurde mit dem Kugeldruckversuch nach DIN 1605 ($D = 10$ mm, $P = 3000$ kg) festgestellt, vgl. Abb. 141 rechts. Die Ergebnisse finden sich in Spalte 3 der Zusammenstellung 23. Hiernach betrug

$$\text{bei St 37} \quad \ldots \ldots \quad H_n = \quad 99 \text{ bis } 124 \text{ kg/mm}^2$$
$$\text{bei St 52} \quad \ldots \ldots \quad H_n = 142 \text{ bis } 171 \text{ kg/mm}^2$$

Die Härte des Werkstoffs im Übergang der Schweißraupe zum Grundwerkstoff ist auf polierten Querschnitten zuerst durch mehrere Versuche nach dem Vorlastverfahren mit Kugeln von $D = 2,5$ mm bei $P = 187,5$ kg bestimmt worden. Der jeweils kleinste Kugeleindruckmesser wurde als maßgebend angesehen. Der daraus festgestellte größte Wert der Härte ist in Spalte 4 der Zusammenstellung 23 eingetragen. Später ist die Härte der Übergangszonen mit dem Rollhärteprüfer nach Hauttmann gemessen worden ($D = 1,59$ mm, $P = 15$ kg; Schlittengeschwindigkeit $v = 0,25$ mm je sec). Die dabei ermittelten Zahlen finden sich in den Spalten 5 und 6 der Zusammenstellung 23, und zwar

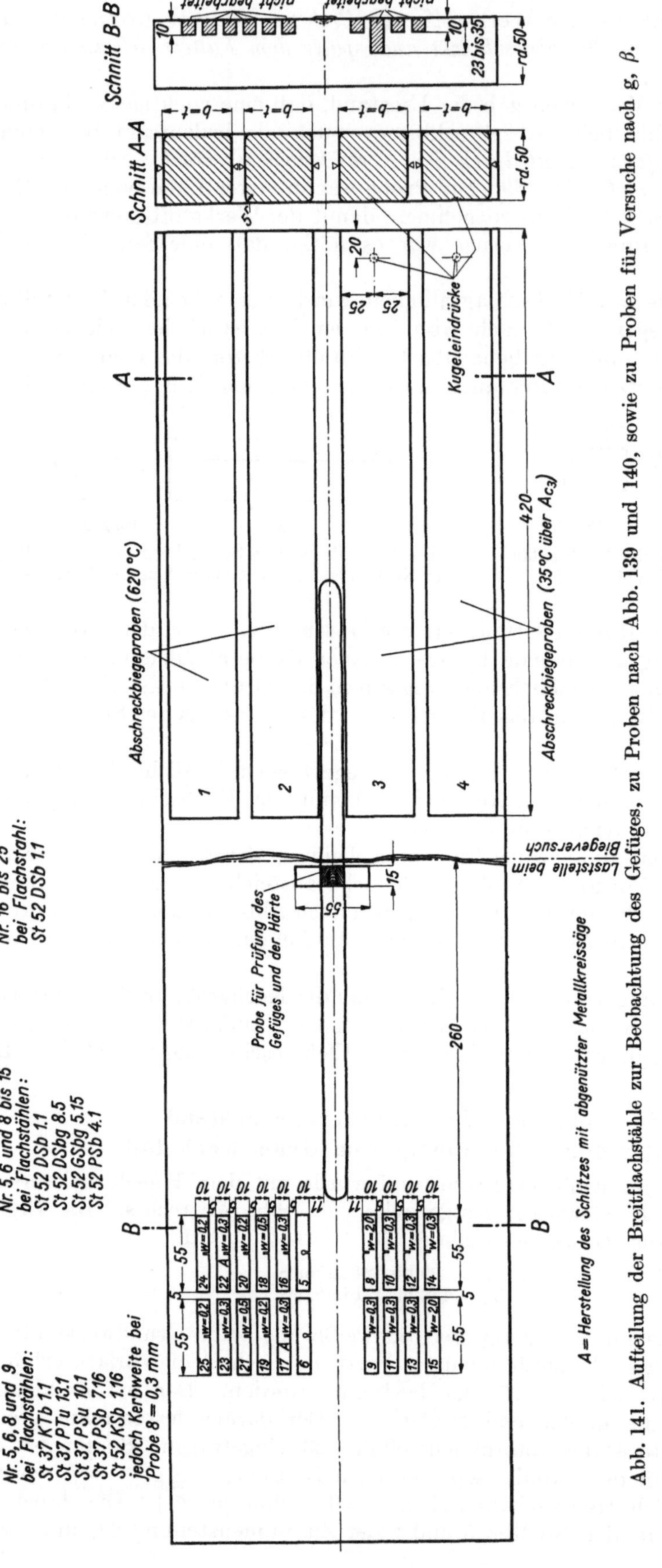

Abb. 141. Aufteilung der Breitflachstähle zur Beobachtung des Gefüges, zu Proben nach Abb. 139 und 140, sowie zu Proben für Versuche nach g, β.

in Spalte 5 für Proben, die bei 20° geschweißt wurden, in Spalte 6 für Proben, die ihre Schweißraupe bei 400° erhielten.

Aus Zusammenstellung 23 ergibt sich zuerst, daß das Mehr der Härte des Werkstoffs in den Übergangszonen gegenüber der Härte des Grundwerkstoffs bei den Stählen St 37 und St 52 — wie zu erwarten war — sehr verschieden festgestellt wurde, auch daß die Werte der größten Härte in den 2 Stahlgruppen erheblich verschieden ausfielen. Ferner zeigt Zusammenstellung 23, daß die Werte in Spalte 4 (ermittelt mit dem Vorlastverfahren) in 9 Fällen kleiner, in 4 Fällen etwa gleich und in 3 Fällen etwas größer ausfielen als in Spalte 5 (ermittelt mit dem Rollhärteprüfer). Solche Unterschiede sind zu erwarten, da bei jeder Schweißraupe in jedem Querschnitt Unterschiede der Härte des Werkstoffs unvermeidlich sind, da solche Unterschiede auch von Querschnitt zu Querschnitt auftreten und da naturgemäß mit dem Rollhärteprüfer die größte Härte leichter zu finden ist als mit dem gewöhnlichen Abtasten an einzelnen Punkten[1].

Weiterhin ist wichtig, daß die Härte der Proben, die bei 400° geschweißt worden sind, erheblich kleiner ausfiel als die Härte der Stücke, die ihre Schweißraupe bei 20° erhielten. Mit dem Rollhärteprüfer fand sich

für die bei 20° geschweißten Proben von
$t = 30$ mm H 325 bis 350 kg/mm²
für die bei 400° geschweißten Proben von
$t = 30$ mm H 235 bis 245 kg/mm²

Wenn man die festgestellte größte Härte zu den Dicken der Breitflachstähle aufträgt, zeigt sich, daß die Mittel-

---

[1] Selbstverständlich ist auch die Größe der Kugel von Bedeutung, da die Härte des Stahls von Korn zu Korn usw. veränderlich ist.

Zusammenstellung 23.

Härte des Grundwerkstoffs und der Schweißstellen von Breitflachstählen.

1	2	3	4	5	6
			Schweißraupen bei rd. 20° C gelegt		Schweißraupen bei rd. 400° C gelegt
			Größte Härte im Übergang von der Schweißraupe zum Grundwerkstoff[1]		
Bezeichnung der Stahlsorten	Dicke der Flachstähle	Kugeldruckhärte des Grundwerkstoffs H_n	ermittelt durch einzelne Kugeleindrücke nach dem Vorlastverfahren; Kugeldurchmesser $D = 2,5$ mm; Belastung $P = 187,5$ kg	ermittelt mit dem Rollhärteprüfer; Kugeldurchmesser $D = 1,59$ mm; Belastung $P = 15$ kg; Schlittengeschwindigkeit $v = 0,25$ mm/sec	ermittelt mit dem Rollhärteprüfer; Kugeldurchmesser $D = 1,59$ mm; Belastung $P = 15$ kg; Schlittengeschwindigkeit $v = 0,25$ mm/sec
	mm	kg/mm²	kg/mm²	kg/mm²	kg/mm²
St 37 KTb	20	—	—	235	—
	30	—	—	245	—
	50	—	—	240	—
St 37 PTu	20	110	—	205	—
	30	115	200	245	—
	50	124	191	230	—
St 37 PSu	20	99	—	230	—
	30	101	174	275	—
	50	103	180	265	—
St 37 PSb	20	114	—	210	—
	30	116	207	240	—
	50	114	207	235	—
St 52 DSb	20	164	—	315	240
	30	171	363	350	240
	50	155	393	410	240
St 52 DSb	20	—	—	280[2]	—
	30	—	—	300[2]	—
	50	—	—	240[2]	—
St 52 DSbg	20	149	—	390	250
	30	156	337	330	235
	50	160	363	410	250
St 52 GSbg	20	156	—	290	220
	30	163	329	325	235
	50	142	337	410	240
St 52 KSb	20	143	—	350	245
	30	145	345	345	245
	50	148	321	300	295
St 52 PSb	20	153	—	300	275
	30	156	329	330	240
	50	154	345	330	245

werte für die 3 Dicken mit St 37 und mit vorgewärmten St 52 wenig verschieden ausgefallen sind; beim St 52, der bei 20° geschweißt wurde, stieg die Härte mit Zunahme der Probendicke. Die Mittelwerte betrugen

$$\begin{array}{lccc} & \text{bei } t = 20 & 30 & 50 \text{ mm} \\ \text{mit St 37} \dots\dots\dots\dots\dots\dots & 220 & 250 & 240 \text{ kg/mm}^2 \\ \text{mit St 52 bei } 20° \text{ geschweißt} \dots\dots & 330 & 340 & 370 \text{ kg/mm}^2 \\ \text{bei } 400° \text{ geschweißt} \dots\dots & 250 & 240 & 250 \text{ kg/mm}^2 \end{array}$$

Die in Spalte 5 der Zusammenstellung 23 eingetragenen Härtezahlen sind in Abb. 142 mit den beim Biegeversuch nach Abb. 118 beobachteten Biegewinkeln α_R beim 1. Anriß

---

[1] Die Bestimmung der Härte geschah nach der Biegeprobe. Um festzustellen, ob die Härte bei der Schweißnaht durch das Biegen der Probe nach Abb. 118 erhöht wird, sind Proben aus St 37 PSu, St 52 DSb und St 52 DSbg vor und nach dem Biegeversuch untersucht worden. Die nicht dem Biegeversuch unterworfenen Proben lieferten ein wenig kleinere Werte als die Proben, die nach dem Biegeversuch untersucht worden sind.

[2] Schweißraupe und nächste Umgebung mit der Schweißflamme auf Dunkelrotglut (rd. 700° C) erwärmt.

(vgl. S. 71f.) und den nach dem Versuch festgestellten Biegewinkeln α (vgl. S. 83f.) verglichen. Die Werte für St 52 sind dabei mit einem gestrichelten Linienzug umhüllt.

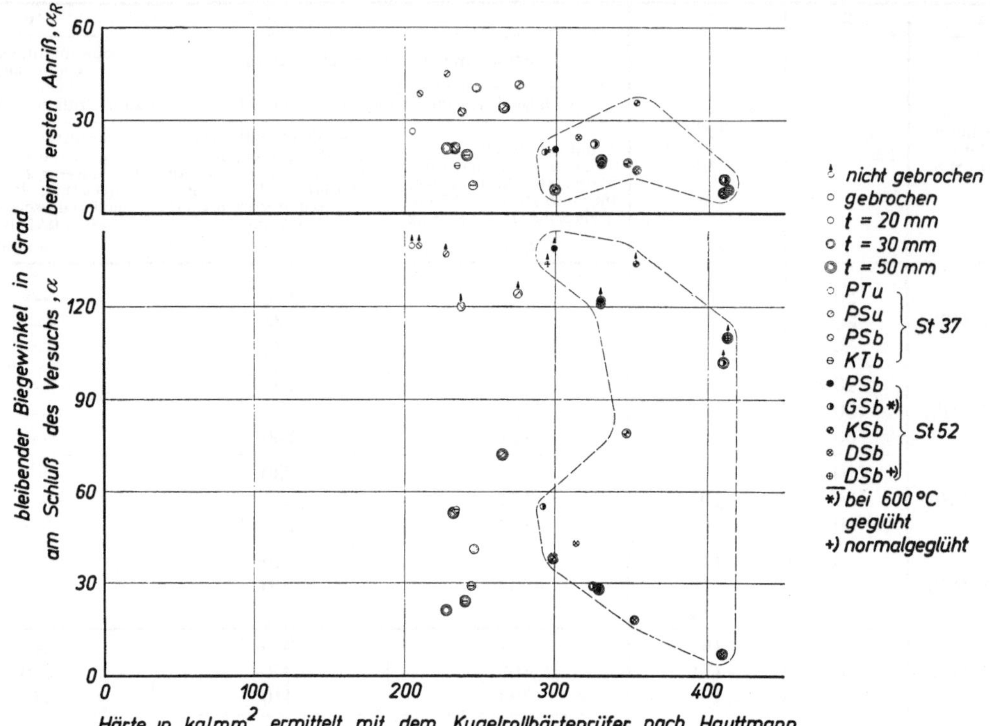

Abb. 142. Härte der Schweißnaht und Biegewinkel beim Versuch nach Abb. 118.

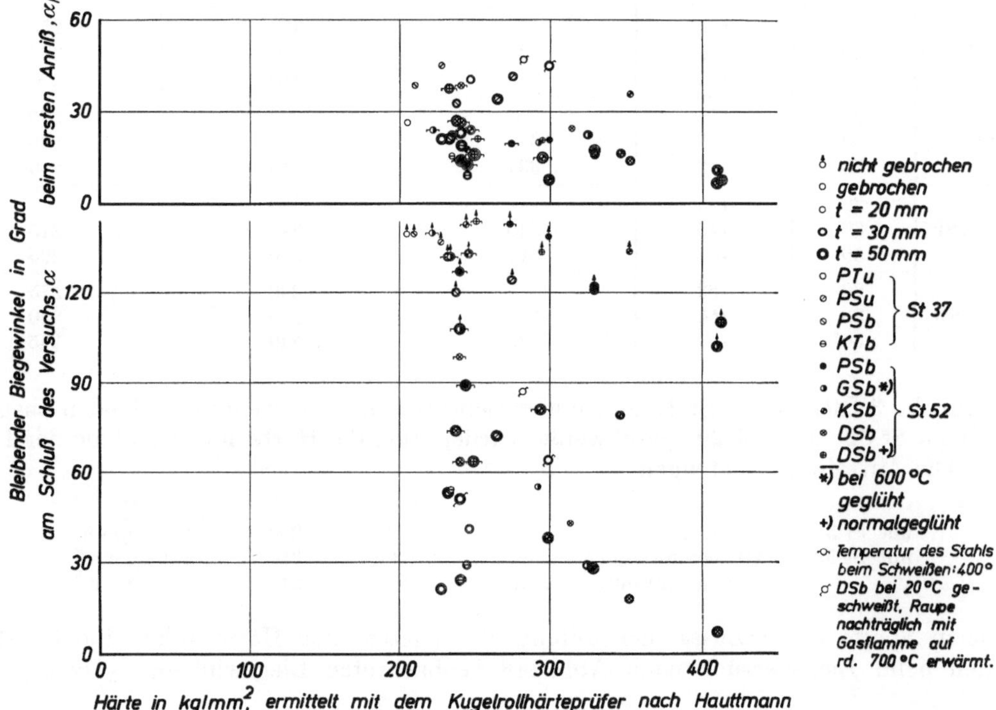

Abb. 143. Härte der Schweißnaht und Biegewinkel beim Versuch nach Abb. 118.

Aus dem oberen Teil der Abb. 142 kann für St 52 entnommen werden, daß der Biegewinkel α_R beim 1. Anriß mit steigender Härte H des Werkstoffs der Übergangszone der

Proben im Mittel abnimmt; allerdings verhalten sich dabei die Stähle nicht einheitlich. Bei den Proben aus St 37 ist es nach Abb. 142 nicht möglich, anzugeben, ob eine Beziehung zwischen H und α_R besteht.

Aus dem unteren Teil der Abb. 142 geht hervor, daß einfache Beziehungen zwischen der Härte des Werkstoffs im Übergang von der Schweißraupe zum Grundwerkstoff und dem Biegewinkel α nach dem Versuch nicht bestehen. Es ist also allein aus den Feststellungen über die Härte des Werkstoffs bei der Schweißraupe nicht ohne weiteres auf das Verhalten beim Biegeversuch nach Abb. 118 zu schließen.

Abb. 142 ist sodann durch die Feststellungen an den Proben ergänzt worden, die ihre Schweißraupe bei 400° erhielten. Damit entstand Abb. 143. Aus dem oberen Teil dieser Abbildung geht wieder in groben Zügen hervor, daß der Biegewinkel beim ersten Anriß im Mittel kleiner wurde mit zunehmender Härte des Werkstoffs in den Übergangszonen. Doch ist dabei zu beachten, daß die unteren Grenzwerte des Streufelds in dem geprüften Bereich fast gleich groß ausgefallen sind. Abb. 143 zeigt noch mehr als Abb. 142, daß allgemeine Beziehungen allein zwischen der Größe des Biegewinkels α am Schluß des Versuchs und der Härte des Werkstoffs in den Übergangszonen nicht bestehen. Bei gleicher Härte sind mit Werkstoffen verschiedener Herkunft und verschiedener Vorbehandlung sehr verschieden große Biegewinkel α entstanden.

Weiterhin sei über Feststellungen an Proben berichtet, die am Schluß von e) genannt sind. Die größte Härte im Übergang der Schweißnaht zum Grundwerkstoff betrug bei den Proben zum Biegeversuch nach Abb. 118

α) mit Stahl aus dem Zuggurt des Trägers M 52, vgl. unter 6 B c, S. 54 $H = 330\ \text{kg/mm}^2$

β) mit Stahl aus dem Wulstflachstahl der geschweißten Brücke über
die Hardenbergstraße, vgl. unter 7 c, S. 60 . . . . $H = 330\ \text{kg/mm}^2$

Diese Werte H liegen im Bereich der Zahlenreihen der Zusammenstellung 23; sie gehören überdies zur unteren Hälfte dieses Bereichs. Da es sich um Stähle handelt, die sich praktisch nicht bewährt haben und die beim Versuch nach Abb. 118 kleine Biegewinkel lieferten, ergibt sich auch aus diesen Versuchen, daß die Größe der Härte in den Übergangszonen bei der Beurteilung der Eignung der Stähle in dem bisher beobachteten Bereich nicht entscheidend ist.

i) Prüfung der Werkstoffe durch Biegeversuche mit abgeschreckten Proben.

Aus Bruchstücken der Breitflachstähle zu den Biegeversuchen unter e) und f) sind vier Streifen gemäß Abb. 141 (rechts) herausgesägt worden. Die Breite war gleich der Dicke t[1]; die Länge betrug bei $t = 20$ mm 230 mm, bei $t = 30$ mm 275 mm und $t = 50$ mm 420 mm. Die Proben behielten die Walzhaut; die Seitenflächen wurden gehobelt, die Kanten mit der Feile auf $r = 0{,}1\ t$ abgerundet und geschlichtet. Die Proben 1 und 2 sind in einem Laboratoriumsofen auf 620° erwärmt, dann in Wasser von 20° abgeschreckt worden. Die Proben 3 und 4 wurden 30 bis 40° über AC 3 erwärmt (St 37 auf 900 bzw. 920°, St 52 auf 885 oder 890°), dann ebenfalls in Wasser von 20° abgeschreckt. Das Abschrecken geschah in einem Behälter mit 120 l Wasser. Mit den gehärteten Proben sind Faltversuche ausgeführt worden. Der Durchmesser des Dorns der Falteinrichtung betrug $2\ t$, der freie Abstand der Auflagerwalzen $5\ t$ und der Durchmesser der Auflagerwalzen 100 mm.

Die Ergebnisse der Versuche finden sich in der Zusammenstellung 24.

Zunächst ist dieser Zusammenstellung zu entnehmen, daß alle Proben, die von 620° abgeschreckt wurden, nicht gebrochen sind. Auch die Proben aus St 37, die von 900 bzw. 920° abgekühlt wurden, sind nicht gebrochen. Der bleibende Biegewinkel betrug am Ende dieser Versuche rd. 155° bei den 20 mm dicken Proben, rd. 140° bei den 30 mm dicken Proben und rd. 135° bei den 50 mm dicken Proben. Anrisse sind dabei nicht aufgetreten.

Nicht gebrochen sind ferner 2 von 890° abgeschreckte Proben aus St 52, und zwar je 1 Probe aus PSb 20 mm und aus GSbg 50 mm. Alle andern Proben aus St 52 sind gebrochen.

---

[1] Aus Vorversuchen mit 100 mm breiten und 30 mm dicken Proben wurde entnommen, daß die Proben schmal gemacht werden müssen, um eine weitgehende Wirkung der Abschreckung zu erreichen.

Zusammenstellung 24.
Biegeversuche mit abgeschreckten Flachstäben.

1	2	3	4	5	6	7	8	9	10	11	12	13	14	15	16	17	18	19	20	21	22	23	24	25
		Dicke der Breitflachstähle 20 mm								Dicke der Breitflachstähle 30 mm								Dicke der Breitflachstähle 50 mm						
		Härtetemperatur 620° C			Härtetemperatur 30 bis 40° C über Ac_3					Härtetemperatur 620° C			Härtetemperatur 30 bis 40° C über Ac_3					Härtetemperatur 620° C			Härtetemperatur 30 bis 40° C über Ac_3			
Bezeichnung des Werkstoffs / Zeichen	Be-zeichnung der Platten	Probe	Bleibender Biegewinkel am Ende desVersuchs / Grad	Bemer-kungen	Probe	Härte-temperatur / °C	Bleibender Biegewinkel am Ende desVersuchs / Grad	Bemer-kungen	Be-zeichnung der Platten	Probe	Bleibender Biegewinkel am Ende desVersuchs / Grad	Bemer-kungen	Probe	Härte-temperatur / °C	Bleibender Biegewinkel am Ende desVersuchs / Grad	Bemer-kungen	Be-zeichnung der Platten	Probe	Bleibender Biegewinkel am Ende desVersuchs / Grad	Bemer-kungen	Probe	Härte-temperatur / °C	Bleibender Biegewinkel am Ende desVersuchs / Grad	Bemer-kungen
St 37 PTu	15.1	1	158		3	920	155		14.1	1	144		3	920	146		13.1	1	138		3	920	140	
		2	159		4		155			2	148		4		146			2	135		4		139	
St 37 PSu	12.16	1	159	Nicht gebro-chen	3	900	157	Nicht gebro-chen	11.16	1	150	Nicht gebro-chen	3	900	144	Nicht gebro-chen	10.1	2	131	Nicht gebro-chen	1	900	134	Nicht ge-brochen
		2	160		4		157			2	148		4		144			4	132		3		135	
St 37 PSb	9.1	1	159		3	900	156		8.1	1	137		5	904	135		7.16	1	131		3	900	122	
		2	159		4		154			2	138		6		128			2	130		4		135	
St 52 DSb	6A.9	1	153		3	885	7,5		5.9	1	136		5	883	31		1.1	1	131		3	885	7,5	
		2	157		4		6,5			2	135		6		23			2	138		4		25	Ge-brochen
St 52 DSbg	12.1	1	159		3	885	54		10.1	1	132		5	883	48		8.5	1	128		3	885	80	
		2	158		4		58,5			2	135		6		34			2	128		4		39,5	
St 52 GSbg	1.1	1	156	Nicht gebro-chen	3	890	32	Ge-brochen	3.17	1	144	Nicht gebro-chen	3	890	41,5	Ge-brochen	5.15	1	131	Nicht gebro-chen	3	890	55	Ge-brochen
		2	156		4		53			2	146		4		54,5			2	128		4		125	Nicht ge-brochen
St 52 KSb	1.1	1	153		3	890	60		1.1	1	136		5	894	86		1.16	2	133		1	890	51	
		2	155		4		53,5			2	132		6		33			4	133		3		92,5	Ge-brochen
St 52 PSb	6.16	1	158		3	890	149	Nicht ge-brochen	5.16	1	145		3	890	65,5		4.1	1	138		3	890	30,5	
		2	160		4		60,5	Ge-brochen		2	146		4		37,5			2	133		4		39	

Wenn man die soeben beschriebenen Feststellungen mit den Ergebnissen der Biegeversuche in Abb. 135 vergleicht, so ergeben sich folgende Zahlenreihen für St 52.

<table>
<tr><td colspan="4">α) Bleibender Biegewinkel am Schluß des Versuchs nach Abb. 118 und 135. Schweißraupen bei 20° aufgelegt.</td><td colspan="4">β) Bleibender Biegewinkel am Schluß des Versuchs mit den Proben, die von 885 oder 890° abgeschreckt wurden.</td></tr>
</table>

	Dicke des Breitflachstahls t				Dicke des Breitflachstahls t		
	20 mm	30 mm	50 mm		20 mm	30 mm	50 mm
DSb . . .	46°	56°	10	DSb . . .	7°	27°	16°
DSbg . . .	133°[1]	121°[1]	106[1]	DSbg . . .	56°	41°	60°
GSbg . . .	57°	29°	100[1]	GSbg . . .	42°	48°	55°[2]
KSb . . .	134°[1]	78°	44	KSb . . .	57°	59°	72°
PSb	136°[1]	122°[1]	48	PSb	60,5°[2]	51°	35°

Werden zunächst die zum Biegeversuch nach Abb. 118 nicht geglühten Stähle DSb, KSb und PSb für den Vergleich der Zahlen unter α) und β) ins Auge gefaßt, so ergibt sich, daß der Stahl DSb bei beiden Prüfungen die kleinsten Zahlen lieferte. Der Stahl PSb war beim Biegeversuch nach Abb. 118 besser als der Stahl KSb, beim Abschreckbiegeversuch aber im Mittel geringerwertig.

Von den geglühten Stählen DSbg und GSbg lieferte der Stahl DSbg beim Biegeversuch nach Abb. 118 die größeren Biegewinkel; beim Abschreckbiegeversuch war der Unterschied nicht erheblich.

Der Einfluß der Dicke der Proben trat beim Abschreckbiegeversuch anders in Erscheinung als beim Biegeversuch nach Abb. 118, wie zu erwarten war. Das Abschrecken hatte bei den dickeren

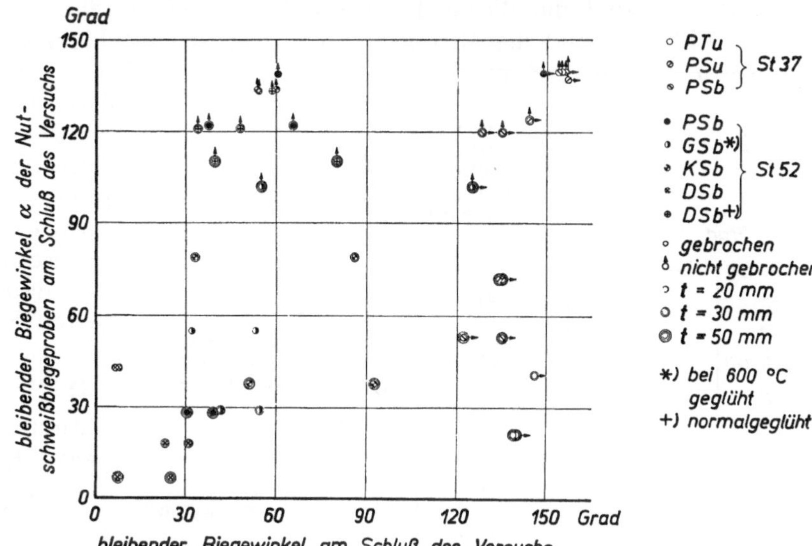

Abb. 144. Vergleich von Ergebnissen des Abschreckbiegeversuchs und des Biegeversuchs nach Abb. 118.

Proben geringere Wirkung; deshalb konnte der Biegewinkel bei den dickeren Proben auch größer ausfallen. Beim Biegeversuch nach Abb. 118 wurde der Biegewinkel mit Zunahme der Probendicke im allgemeinen kleiner (vgl. auch S. 84).

Aus den vorliegenden Feststellungen ergibt sich, daß die Prüfung der Eignung der Stähle für geschweißte Tragwerke durch den Abschreckbiegeversuch in der bisher üblichen Weise nur bedingt anwendbar ist, insbesondere nur zum Vergleich von Proben gleicher Dicke und gleicher Vorbehandlung. Wichtig ist ferner, daß der Stahl beim Abschreckbiegeversuch nicht im Gebrauchszustand geprüft wird.

In Abb. 144 sind die Ergebnisse der Abschreckbiegeversuche und die bleibenden Biegewinkel α, die am Schluß des Biegeversuchs nach Abb. 118 vorhanden waren, zeichnerisch zusammengestellt. 3 Stahlproben (zu 2 Stahlsorten gehörig) mit Biegewinkeln kleiner als 30° sind von der Abschreckbiegeprobe und vom Biegeversuch nach Abb. 118 als geringwertig erfaßt. Im übrigen erschienen bei gleichem Biegewinkel vom Abschreckbiegeversuch sehr verschiedene Biegewinkel α vom Biegeversuch nach Abb. 118.

---

[1] Nicht gebrochen.

[2] Eine gebrochene Probe. Die andere nicht gebrochene Probe ist hier nicht berücksichtigt.

k) Prüfung der Werkstoffe durch den Kerbschlagbiegeversuch nach DIN DVM A 115.

Aus Breitflachstählen zu den Biegeversuchen nach Abb. 118 sind an den in Abb. 141 links mit 5 und 6 bezeichneten Stellen Proben nach Abb. 139 herausgearbeitet worden. An einer Seitenfläche verblieb die Walzhaut. Es wurde damit der Werkstoff geprüft, der an den Breitflachstählen von Schweißnähten getroffen wird. Die Prüfung erfolgte mit einem Pendelhammer bei 20°.

Die Ergebnisse der Versuche sind in der Zusammenstellung 25 eingetragen. Hiernach fand sich die Kerbschlagzähigkeit

bei Proben aus	20	30	50 mm dicken Breitflachstählen
für St 37 zu	14,7	8,4	1,6
bis	19,8	15,6	18,1 mkg/cm²
für St 52 zu	8,7	6,6	10,0
bis	23,8	23,5	23,3 mkg/cm²

Hiernach sind die Werte der Kerbschlagzähigkeit sehr verschieden ausgefallen.

In Abb. 145 sind die Mittelwerte der Kerbschlagzähigkeit mit dem bleibenden Biegewinkel α, der am Schluß des Biegeversuchs nach Abb. 118 vorhanden war, zeichnerisch dargestellt. Die damit entstandene Punktschar zeigt an, daß die Kerbschlagzähigkeit im Bereich bis 15 mkg/cm² im allgemeinen mit Zunahme des Biegewinkels α gewachsen ist. Doch ist zu beachten, daß die Einzelwerte in einem weiten Streufeld liegen.

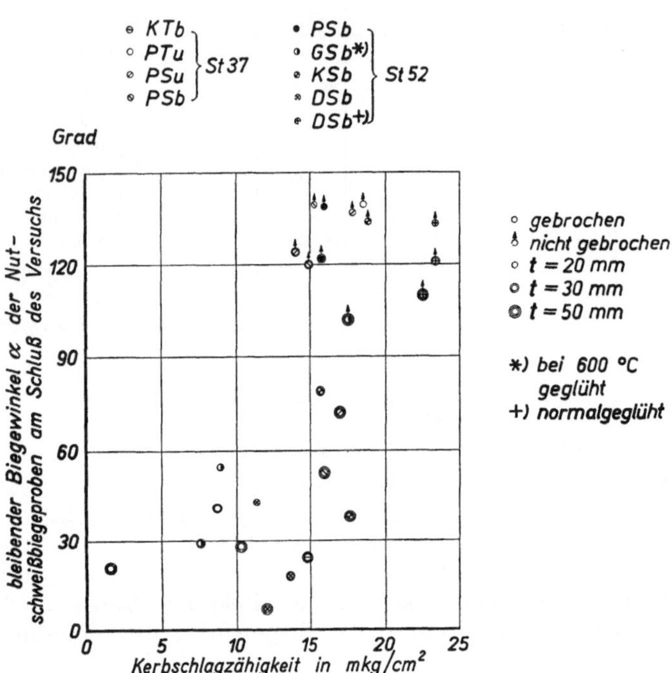

Abb. 145. Vergleich von Ergebnissen des Kerbschlagversuchs mit Proben nach Abb. 139 und des Biegeversuchs nach Abb. 118.

l) Prüfung der Werkstoffe durch den Kerbschlagbiegeversuch mit Proben nach Abb. 140.

Unter g, γ (S. 85) wurde dargelegt, daß der Werkstoff bei der Schweißraupe zur plötzlichen Aufnahme von Kräften fähig sein soll, wenn die Schweißraupe unter hoher Spannung reißt und der Riß der Raupe als Kerbe am Grundwerkstoff wirkt. Es handelt sich um die Kerbschlagzähigkeit. Demgemäß ist vorauszusetzen, daß eine Prüfung des Werkstoffs unter den hier zu verfolgenden Umständen mit Proben zu geschehen hat, die scharfe Kerben haben.

Außerdem war zu erwarten, daß die Prüfung der Kerbschlagzähigkeit mit Proben nach Abb. 139 (Rundkerb) zwar Aufschlüsse gibt, die in der erforderlichen Richtung liegen; doch mußte man auch annehmen, daß Proben mit schärferen Kerben zweckmäßiger sind, weil im geschweißten Tragwerk scharfe Kerben maßgebend sind.

Um zu erfahren, ob die Überlegungen den wirklichen Verhältnissen nahe kommen, sind zum Vergleich mit den Feststellungen unter e, f und k folgende Proben nach Abb. 140 hergestellt und geprüft worden:

α) Proben nach Abb. 140, Kerbweite $w = 0{,}2$, 0,3, 0,5 und 2,0 mm, Prüfung bei 20°, teilweise auch bei —10°,

β) Proben nach Abb. 140, Kerbweite $w = 0{,}3$ mm, Herstellung des Kerbs mit abgenutztem Werkzeug, Prüfung bei 20°.

Additional material from Versuche und Feststellungen zur Entwicklung der geschweißten Brücken
ISBN 978-3-7091-9745-5 (978-3-7091-9745-5_OSFO4),
is available at http://extras.springer.com

Die Ergebnisse dieser Versuche und einiger Ergänzungsversuche finden sich in Zusammenstellung 25; die Ergebnisse der Versuche über den Einfluß der Kerbweite sind außerdem in Abb. 146 zeichnerisch dargestellt.

Man erkennt in Abb. 146, daß die Kerbschlagzähigkeit der 4 Stähle in Proben mit 0,3 mm breiten Kerben mehr verschieden ausgefallen ist als mit 2 mm breiten Kerben. **Besonders wichtig ist dabei, daß die Abnahme der Kerbschlagzähigkeit mit Verringerung der Kerbweite bei den geglühten Stählen viel weniger ausgeprägt erscheint als bei den im Walzzustand geprüften.**

Weiter zeigt der untere Linienzug der Abb. 146, daß bei Verringerung der Kerbweite von rd. 0,5 mm auf rd. 0,2 mm nur verhältnismäßig kleine Unterschiede der Kerbschlagzähigkeit aufgetreten sind. Es wäre demnach möglich gewesen, die Versuche auch mit Proben, die 0,5 mm weite Kerben besitzen, auszuführen.

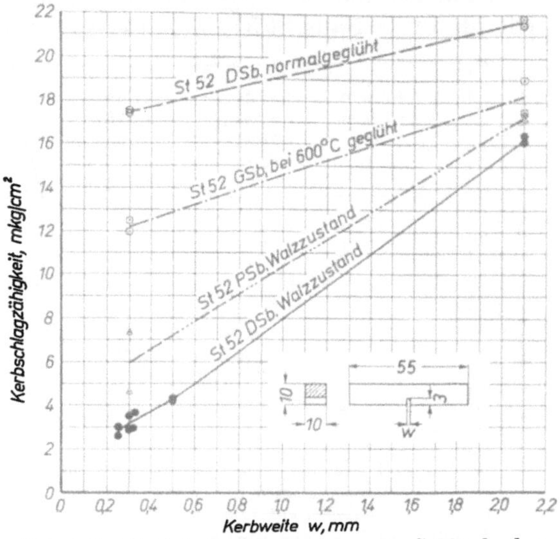

Die Herstellung der Kerben erfolgte in der Regel mit neuen Metallkreissägen von 50 mm Dmr. derart, daß mit jeder Säge 3 bis 5 Kerben

Abb. 146. Einfluß der Kerbweite w der Schlitzkerben (in Proben nach Abb. 140) auf die Größe der Kerbschlagzähigkeit.

gesägt wurden. Um zu erfahren, ob die abgenutzten Sägen oder andere Mängel bei der Herstellung den Kerbgrund so ändern, daß andere Werte der Kerbschlagzähigkeit

Stahl   St 37 PTU   St 37 PSu
Kerbschlagzähigkeit   0,9   6,0 mkg/cm²

Abb. 147. Kerbschlagproben aus St 37 mit 0,3 mm weitem Rechteckkerb, nach dem Bruch.

Stahl   St 52 DSb   St 52 DSbg
Kerbschlagzähigkeit   2,9   17,4 mkg/cm²

Abb. 148. Kerbschlagproben aus St 52 mit 0,3 mm weitem Rechteckkerb, nach dem Bruch.

auftreten, sind mit Proben aus St 52 DSb, Breitflachstahl 1.1 entsprechende Versuche angestellt worden. Es fand sich die Kerbschlagzähigkeit

α) für die Proben 16 und 23, Abb. 141, mit neuer Säge auf 0,3 mm Weite gekerbt . . . . zu 3,0 und 3,6, im Mittel zu 3,3 mkg/cm²
für die Proben 17 und 22, mit abgenutzter Säge auf 0,3 mm Weite gekerbt . . . . zu 3,2 und 3,5, im Mittel zu 3,3 mkg/cm²

β) ferner für die Proben 24 und 25 mit neuer Säge auf 0,2 mm Weite gekerbt . . . . zu 2,6 und 3,0, im Mittel zu 2,8 mkg/cm²
und für die Proben 19 und 20 mit 0,2 mm weitem, jedoch verdorbenem Kerbgrund, weil zuerst mit 0,1 mm dicker Säge gearbeitet worden ist, ... zu 2,4 und 3,0, im Mittel zu 2,7 mkg/cm².

Es ist demnach nicht nötig, daß bei der Herstellung der Kerbe eine außerordentliche Sorgfalt herrscht.

Abb. 147 und 148 zeigen Proben nach Abb. 140 im Zustand nach dem Versuch; Abb. 147 gilt für Proben aus St 37, Abb. 148 für Proben aus St 52. In beiden Abbildungen ist links eine Probe mit kleiner, rechts eine Probe mit großer Kerbschlagzähigkeit dargestellt.

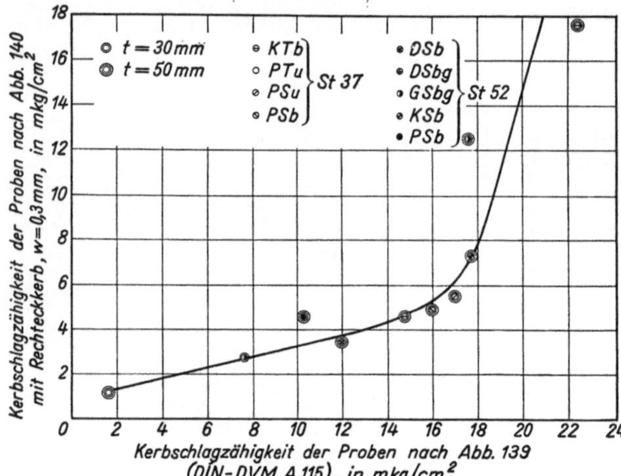

Abb. 149. Vergleich der Kerbschlagzähigkeit bei Proben nach Abb. 139 und 140.

Die Abnahme der Kerbschlagzähigkeit mit der Prüftemperatur (vgl. Spalten 21 bis 26 der Zusammenstellung 25) war bei St 52 DSb und PSb verhältnismäßig viel ausgeprägter als bei den geglühten St 52 DSbg und GSbg.

Wichtig ist sodann, daß die Prüfung der Stähle mit der Probe nach Abb. 140 (mit Rechteckkerb) zu einer andern Stufung der Stähle führte als die Prüfung mit der Probe nach Abb. 139 (mit Rundkerb, DVM A 115). Abb. 149 gibt hierzu nähere Auskunft. Hiernach ist die Reihenfolge der Stähle nach den Kerbschlagzähigkeiten bei beiden Prüfungen in groben Zügen übereinstimmend[1]; jedoch steigt die Kerbschlagzähigkeit mit den Proben nach Abb. 140 zunächst viel langsamer als mit den Proben nach Abb. 139.

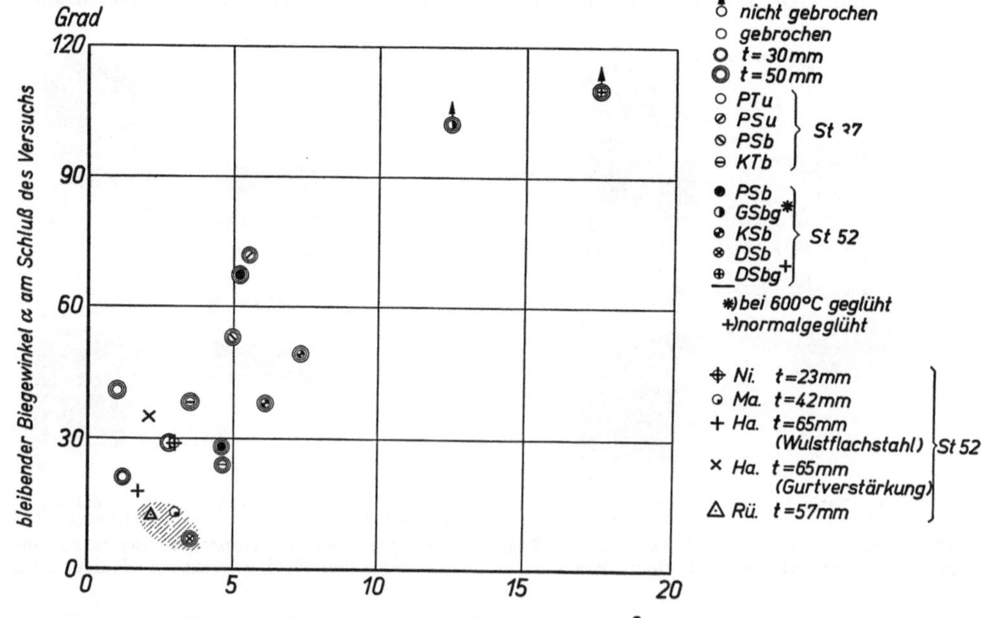

Abb. 150. Vergleich der Ergebnisse des Kerbschlagversuchs mit Proben nach Abb. 140 und des Biegeversuchs nach Abb. 118.

Schließlich sind die Ergebnisse der Schlagversuche mit den Proben nach Abb. 140 mit den Feststellungen bei den Biegeversuchen nach Abb. 118 zu vergleichen. Dies ist in Abb. 150 geschehen. In dieser Abbildung sind außerdem die Ergebnisse der Versuche mit Proben aus mangelhaft gewordenen Trägern und Brücken (vgl. unter 6 und 7, sowie unter 8e, η

---

[1] Zwei Punkte liegen in Abb. 149 ausgeprägt über der Ausgleichlinie.

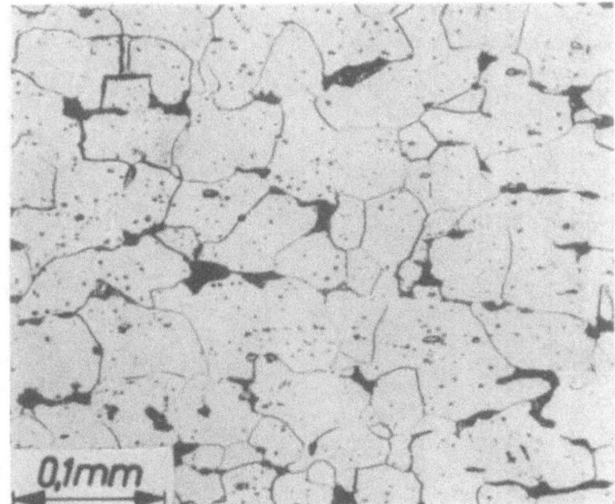

Abb. 151. Gefüge des St 37 KTb, 50 mm dick.

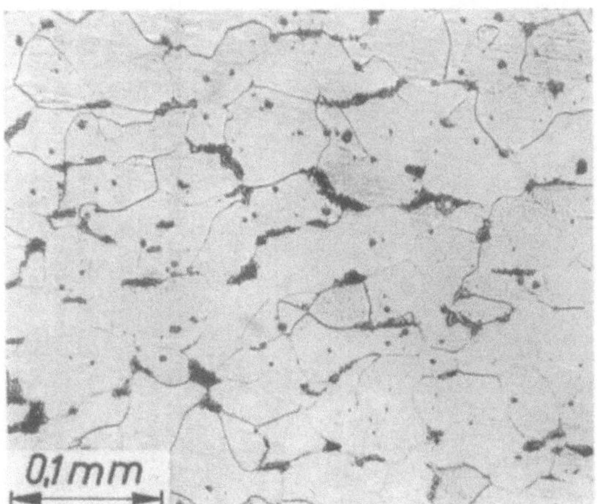

Abb. 152. Gefüge des St 37 PTu, 30 mm dick.

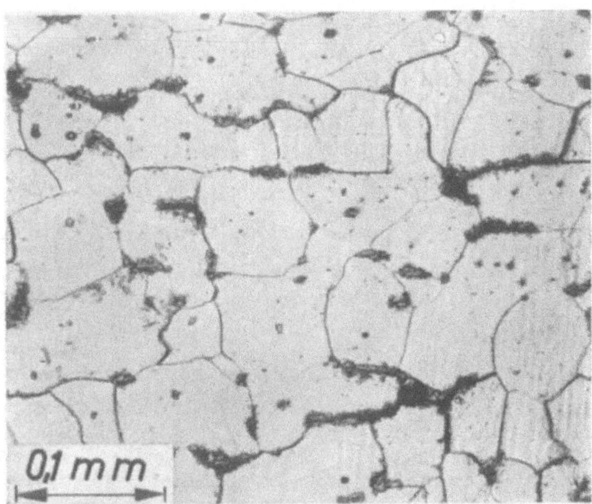

Abb. 153. Gefüge des St 37 PTu, 50 mm dick.

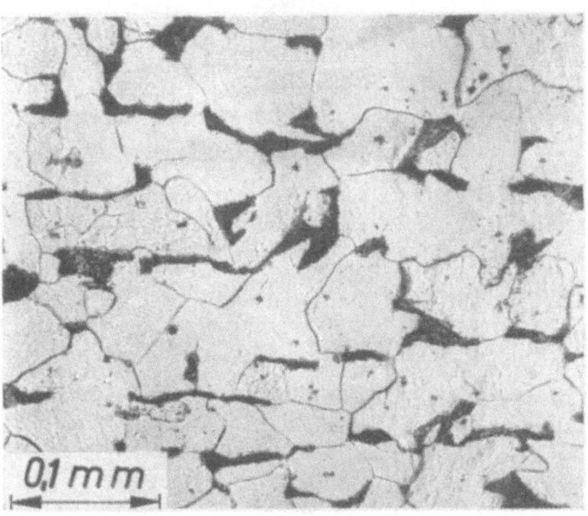

Abb. 154. Gefüge des St 37 PSu, 50 mm dick.

und f, ϑ) eingetragen. Es sind dabei vor allem die Ergebnisse der Proben aus St 52 vom Werkstoff Ma (Träger M 52, vgl. unter 6 B), vom Werkstoff Ha (Wulstflachstahl aus der Brücke über die Hardenbergstraße, vgl. unter 7) und vom Werkstoff Rü (Reststücke zur Brücke nach Abb. 1) zu beachten; diese liegen bei dem schraffierten Feld. Hier ist die Kerbschlagzähigkeit des Werkstoffs klein ausgefallen und überdies der Biegewinkel α beim Biegeversuch nach Abb. 118 klein geblieben.

Aus Abb. 150 ist weiter zu entnehmen, daß der Werkstoff St 52 PSb (volle Kreise) der zu den Trägern nach Abb. 3 bis 5 sowie nach Abb. 66 und 67 verwendet war, eine größere Kerbschlagzähigkeit lieferte als die Werkstoffe Ma, Ha und Rü; der Werkstoff St 52 PSb erwies sich als brauchbar.

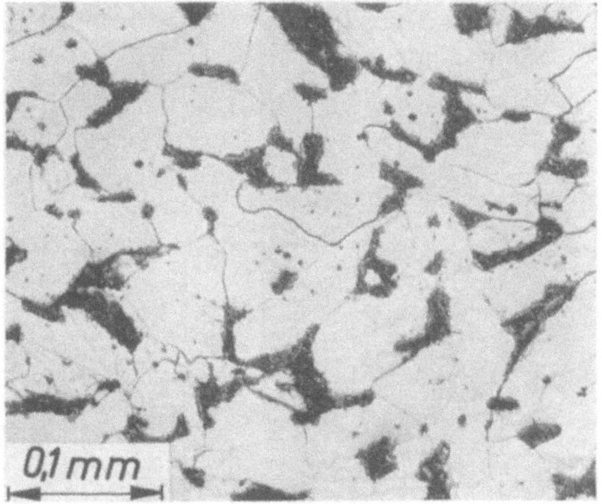

Abb. 155. Gefüge des St 37 PSb, 50 mm dick.

Schließlich macht Abb. 150 aufmerksam, daß die Ergebnisse der St 37 nicht mit denen der St 52 zu vergleichen sind. Hierzu wird die Stellungnahme für später vorbehalten.

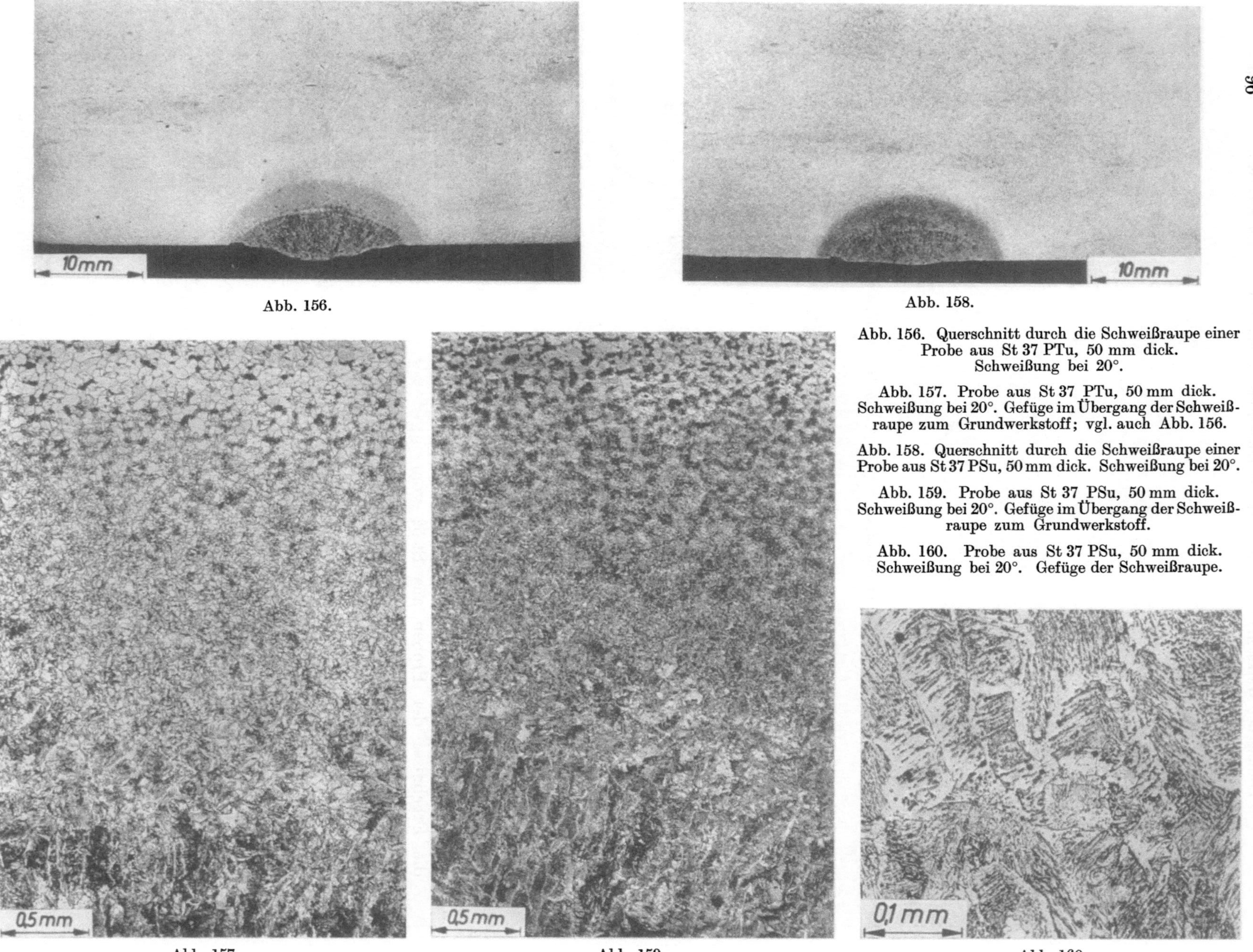

Abb. 156.

Abb. 158.

Abb. 157.

Abb. 159.

Abb. 160.

Abb. 156. Querschnitt durch die Schweißraupe einer Probe aus St 37 PTu, 50 mm dick. Schweißung bei 20°.

Abb. 157. Probe aus St 37 PTu, 50 mm dick. Schweißung bei 20°. Gefüge im Übergang der Schweißraupe zum Grundwerkstoff; vgl. auch Abb. 156.

Abb. 158. Querschnitt durch die Schweißraupe einer Probe aus St 37 PSu, 50 mm dick. Schweißung bei 20°.

Abb. 159. Probe aus St 37 PSu, 50 mm dick. Schweißung bei 20°. Gefüge im Übergang der Schweißraupe zum Grundwerkstoff.

Abb. 160. Probe aus St 37 PSu, 50 mm dick. Schweißung bei 20°. Gefüge der Schweißraupe.

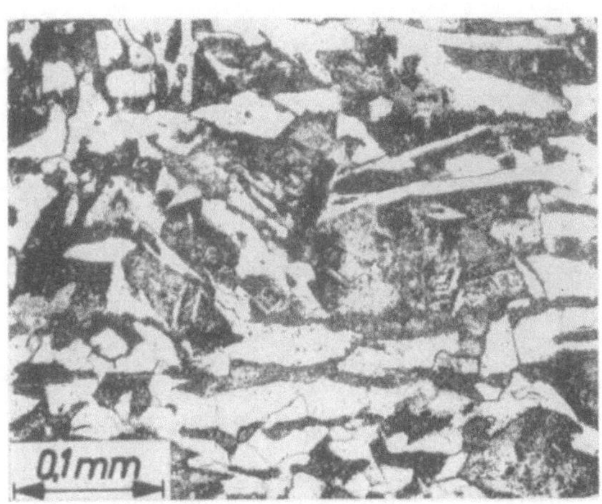

Abb. 161. Gefüge des St 52 DSb, 30 mm dick.

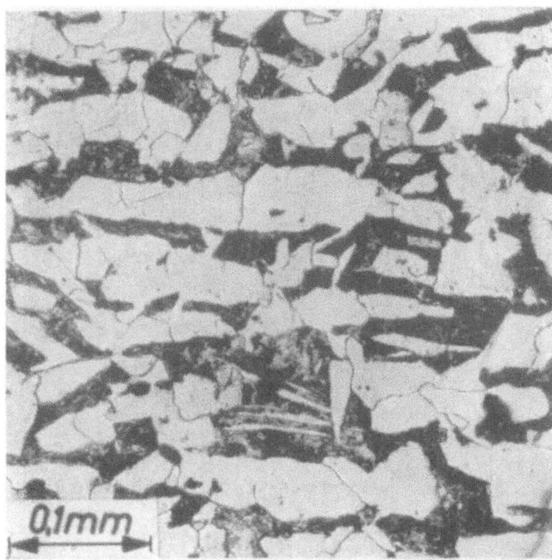

Abb. 162. Gefüge des St 52 DSb, 50 mm dick.

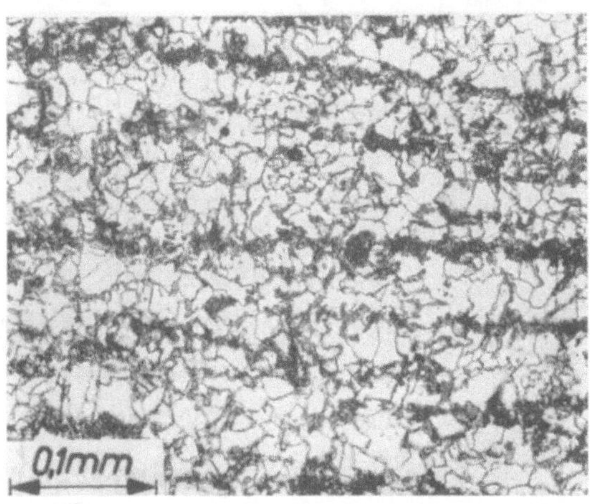

Abb. 163. Gefüge des St 52 DSbg, 30 mm dick.

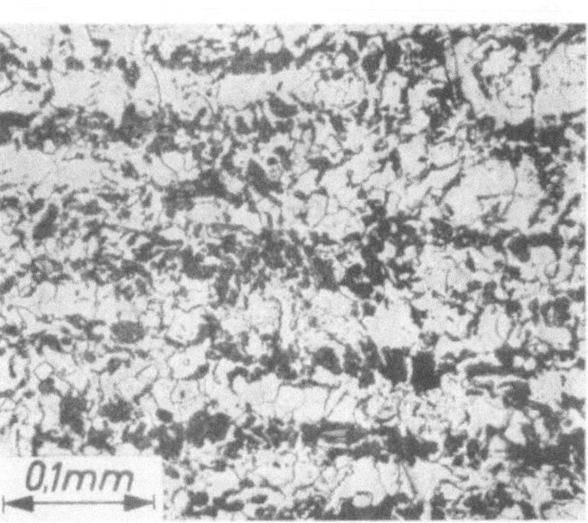

Abb. 164. Gefüge des St 52 DSbg, 50 mm dick.

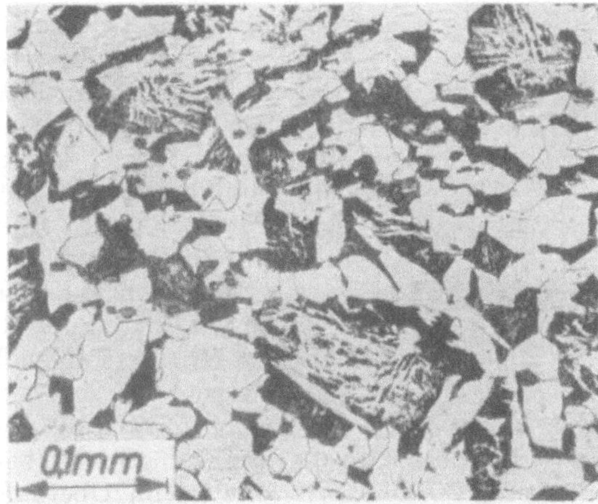

Abb. 165. Gefüge des St 52 GSbg, 30 mm dick.

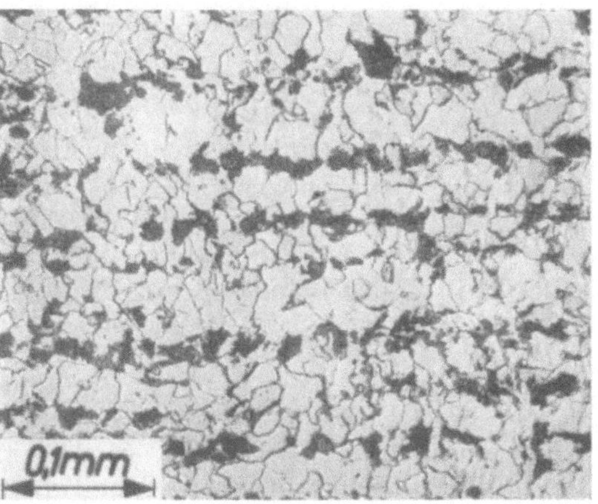

Abb. 166. Gefüge des St 52 GSbg, 50 mm dick.

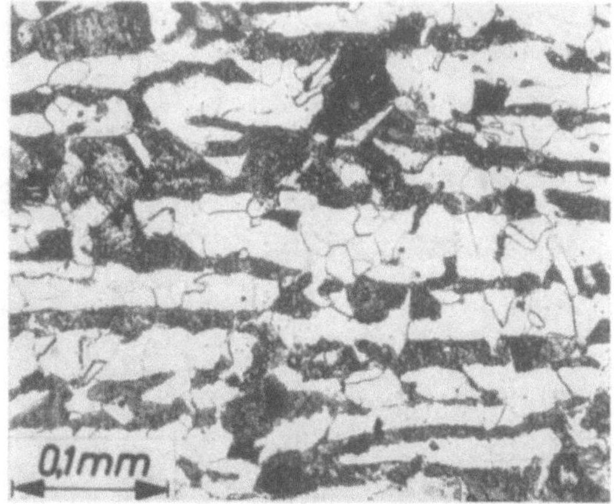

Abb. 167. Gefüge des St 52 KSb, 30 mm dick.

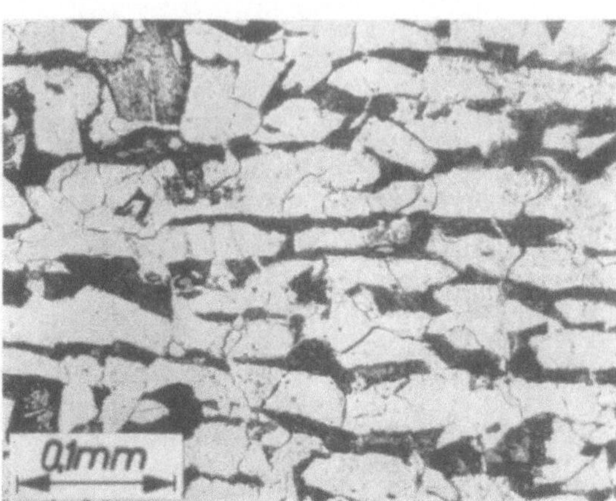

Abb. 168. Gefüge des St 52 KSb, 50 mm dick.

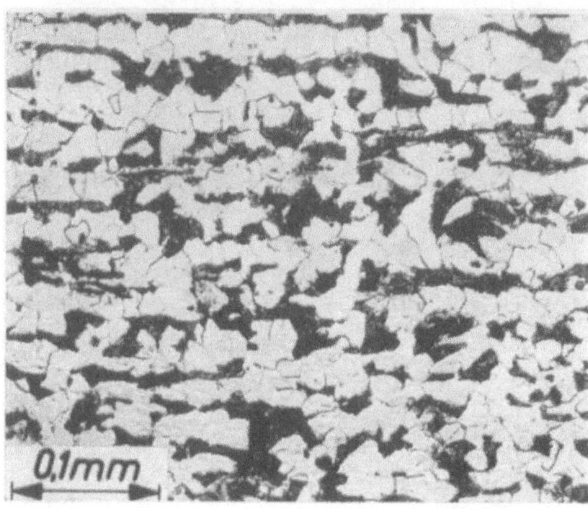

Abb. 169. Gefüge des St 52 PSb, 30 mm dick.

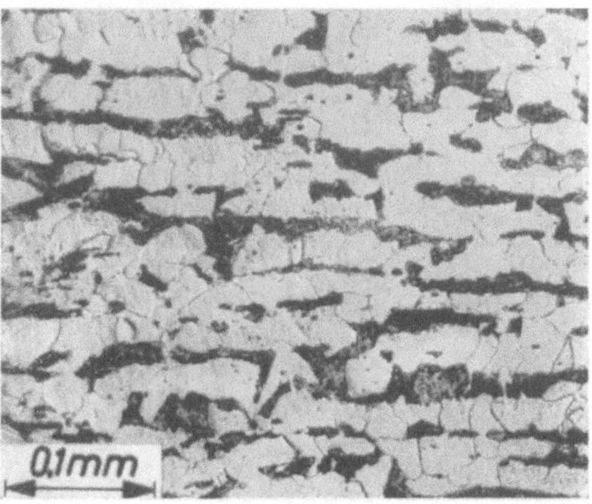

Abb. 170. Gefüge des St 52 PSb, 50 mm dick.

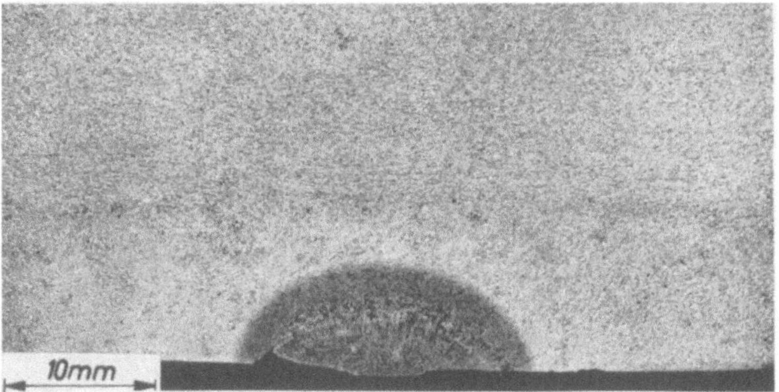

Abb. 171. Querschnitt durch die Schweißraupe einer Probe aus St 52 DSb,
50 mm dick, Schweißung bei rd. 20°.

m) Gefüge der Werkstoffe in den Proben zum Biegeversuch nach Abb. 118.

α) *St 37*. Abb. 151 bis 155 zeigen das Gefüge im Kern von Proben der vier Sorten St 37. Außerordentliche Erscheinungen sind nicht festzustellen. Der in den Abbildungen ersichtliche Anteil an Perlit steht ungefähr in Übereinstimmung mit den Angaben, die in Zusammenstellung 16 über den Kohlenstoffgehalt gemacht sind.

Weitere Einblicke gewähren Abb. 156 bis 160. Abb. 156 zeigt Form und Größe der Schweißraupe auf St 37 PTu. In Abb. 157 ist für die gleiche Probe das Gefüge im Übergang der Schweißraupe zum Grundwerkstoff dargestellt. Die Korngröße ist im Übergang viel kleiner geworden als im Grundwerkstoff, der in Abb. 157 oben, sowie in Abb. 153 wieder-

Abb. 172. Probe aus St 52 DSb, 50 mm dick.
Schweißung bei rd. 20°. Gefüge im Übergang
der Schweißraupe zum Grundwerkstoff.

gegeben ist. Abb. 158 und 159 gelten für eine Probe aus St 37 PSu. Die Verhältnisse sind ähnlich wie in Abb. 156 und 157 ausgefallen. Abb. 160 zeigt überdies einen Ausschnitt aus dem Gefüge der Schweißraupe. Die Proben zu Abb. 156 bis 160 sind bei 20° geschweißt worden.

β) St 52. Das Gefüge des Kerns der Breitflachstähle im Einlieferungszustand ist

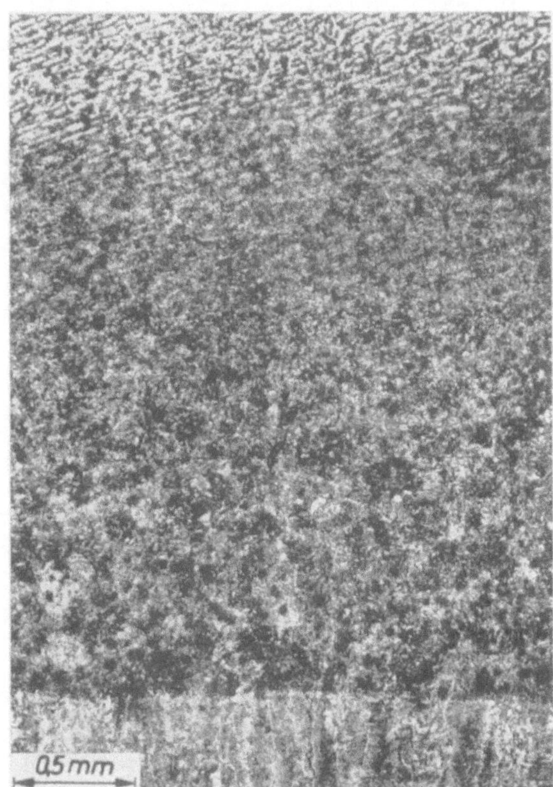

Abb. 174. Probe aus St PSb, 50 mm dick, Schweißung
bei rd. 20°. Gefüge im Übergang der Schweißraupe
zum Grundwerkstoff.

in Abb. 161 bis 170 dargestellt. Abb. 161 und 162 gehören zu Proben aus St 52 DSb, die beim Biegeversuch nach Abb. 118 mit kleinen Biegewinkeln brachen (vgl. Abb. 135). Ein ähnliches Gefüge zeigt die in Abb. 165 dargestellte Probe aus St 52 GSbg, 30 mm dick, die wie die Proben der Abb. 161 und 162 beim Biegeversuch nach Abb. 118 kleine Biegewinkel lieferte. Etwas besser erscheint das Gefüge in Abb. 167

Abb. 173. Querschnitt durch die Schweißraupe einer Probe aus St 52 PSb,
50 mm dick. Schweißung bei rd. 20°.

und 168, gültig für Proben aus St 52 KSb, die sich beim Biegeversuch nach Abb. 118 besser als die bisher genannten Proben verhalten haben (vgl. Abb. 135).

Bemerkenswert ist sodann der Unterschied des Gefüges der in Abb. 169 und 170 dargestellten Proben aus St 52 PSb. Die Probe zu Abb. 169 ließ sich beim Biegeversuch nach Abb. 118 weitgehend verformen, die Probe zu Abb. 170 brach.

Abb. 175. Probe aus St 52 DSb, 50 mm dick. Schweißung nach Vorwärmung auf 400°. Gefüge im Übergang der Schweißraupe zum Grundwerkstoff.

Abb. 176. Probe aus St 52 PSb, 50 mm dick. Schweißung nach Vorwärmung auf 400°. Gefüge im Übergang der Schweißraupe zum Grundwerkstoff.

Abb. 163, 164, 165 und 166 gehören zu Stählen, die geglüht waren. Die Proben zu Abb. 163, 164 und 166 ließen sich beim Biegeversuch nach Abb. 118 weitgehend verformen.

Abb. 171 bis 174 zeigen für 2 bei 20° geschweißte Stähle das Gefüge der Schweißraupe und des Übergangs zum Grundwerkstoff.

γ) Gefüge in Proben, die vor dem Schweißen vorgewärmt waren. Abb. 175 und 176 zeigen Beispiele von 50 mm dicken Breitflachstählen, die vor dem Schweißen auf 400° vorgewärmt waren. Abb. 175 ist mit Abb. 172, Abb. 176 mit Abb. 174 zu vergleichen. Dabei ergibt sich deutlich, daß die Abkühlung der vorgewärmten Proben offenbar viel langsamer erfolgte.

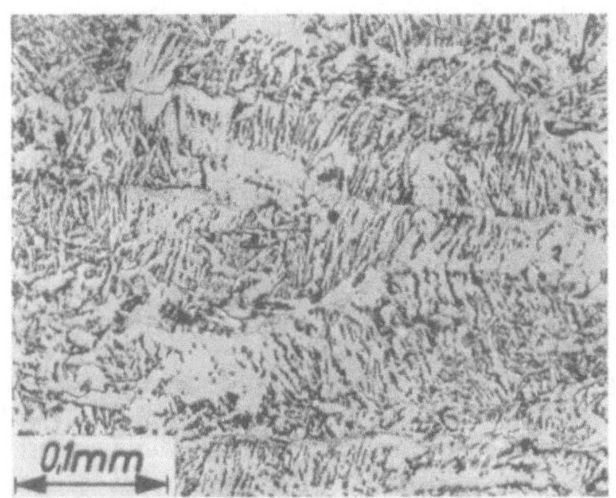

Abb. 177. Probe aus St 52 DSb, 50 mm dick.
Schweißung nach Vorwärmung auf 400°.
Gefüge der Schweißraupe.

Abb. 178. Probe aus St 52 DSb, 50 mm dick.
Schweißung nach Vorwärmung auf 400°. Gefüge im
Übergang der Schweißraupe zum Grundwerkstoff.

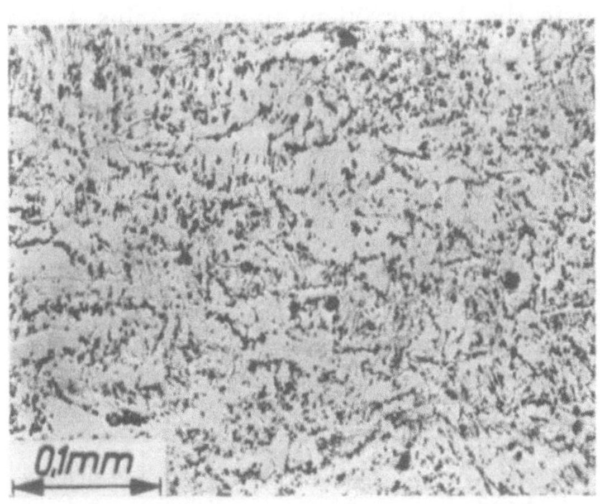

Abb. 179. Probe aus St 52 DSb, 50 mm dick.
Schweißung bei rd. 20°. Nach dem Auflegen der
Schweißraupe wurde diese und ihre Umgebung mit
dem Schweißbrenner auf Dunkelrotglut erwärmt.
Gefüge der Schweißraupe.

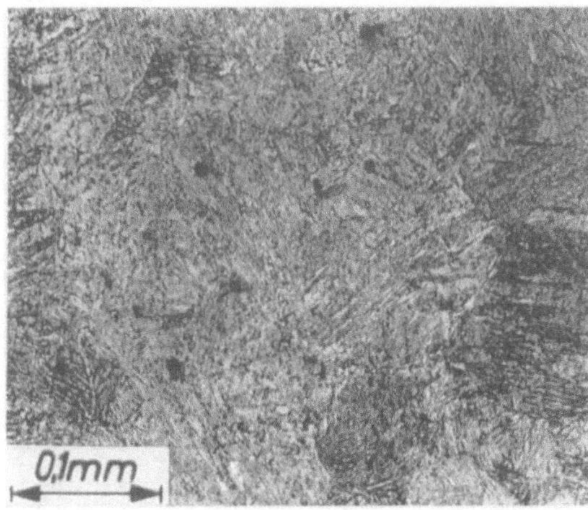

Abb. 180. Probe aus St 52 DSb, 50 mm dick. Schweißung bei rd. 20°. Nach dem Auflegen der Schweißraupe
wurde diese und ihre Umgebung mit dem Schweißbrenner auf Dunkelrotglut erwärmt. Gefüge im Übergang der Schweißraupe zum Grundwerkstoff.

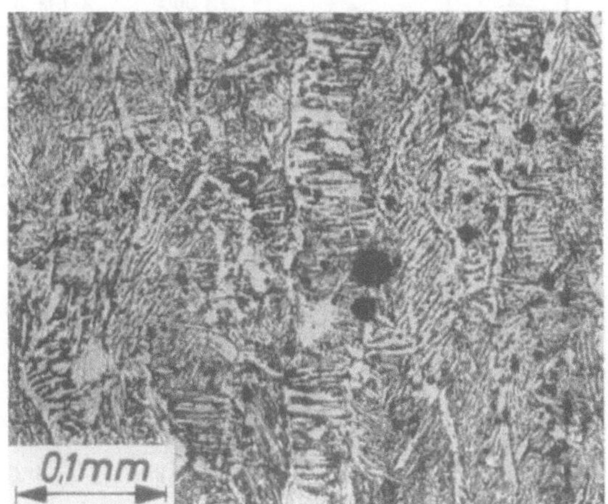

Abb. 181. Probe aus St 52 DSb, 50 mm dick.
Schweißung bei rd. 20°. Gefüge der Schweißraupe.

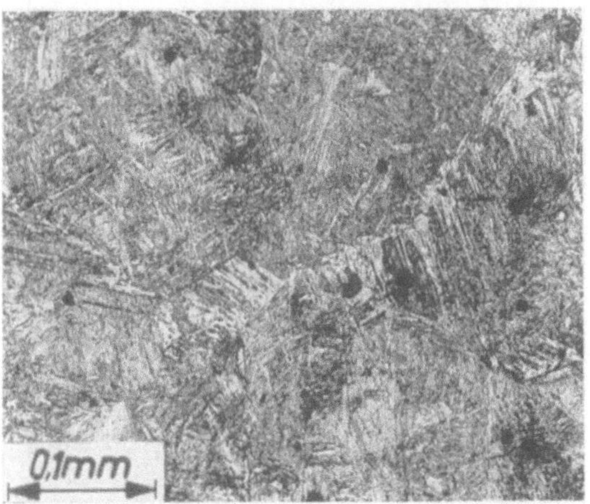

Abb. 182. Probe aus St 52 DSb, 50 mm dick.
Schweißung bei rd. 20°. Gefüge im Übergang
der Schweißraupe zum Grundwerkstoff.

Weitere Aufschlüsse geben Abb. 177 und 178 (vgl. auch S. 87, Vergleich der Härte in den vorgewärmten und nicht vorgewärmten Proben).

δ) *Gefüge in Proben, die nach dem Auflegen der Schweißraupe* bei dieser und ihrer Umgebung mit der Schweißflamme eines Schweißbrenners auf Dunkelrotgluht erwärmt wurden. Abb. 179 und 180 zeigen Beispiele; sie sind mit Abb. 177 und 178, gültig für Proben, die auf 400° vorgewärmt waren, sowie mit Abb. 181 und 182, gültig für Proben, die bei 20° geschweißt und nachträglich nicht erwärmt wurden, zu vergleichen. Die Nachbehandlung hat das Gefüge wesentlich verbessert.

n) Korngröße nach McQuaid-Ehn.

Auf Vorschlag von Herrn Professor Dr.-Ing. Eilender in Aachen sind die Korngrößen nach McQuaid-Ehn gemäß den Angaben im Werkstoffhandbuch Stahl und Eisen, 2. Auflage, Blatt T 11—5 bestimmt worden. Aus 9 Breitflachstählen mit 50 mm Dicke wurden Proben vom Kern und vom Rand entnommen, bei 930° während 8 h eingesetzt und langsam abgekühlt. Die danach vorhandene Korngröße wurde gemessen. Das Ergebnis der Versuche findet sich in Zusammenstellung 26. Hiernach gehören beim St 52 zu kleinen Biegewinkeln α große Körner (niedere Ordnungszahlen der Korngrößen), zu großen Biegewinkeln α kleine Körner (hohe Ordnunszahlen der Korngrößen). St 52 PSb, der sich in den geschweißten Trägern als noch brauchbar erwiesen hat, lieferte die Korngrößennummern 3 bis 4.

Zusammenstellung 26.
Korngröße nach McQuaid-Ehn.

1	2	3	4	5	6	7	8	9
		Bleibender Biegewinkel bei Biegeversuchen mit Flachstählen nach Abb. 118 [1]				Korngrößenbestimmung nach McQuaid-Ehn		
Stahlprobe	Bezeichnung der Flachstähle, aus denen die Proben entnommen wurden [1]	bei der Feststellung des ersten Anrisses α_R Grad	beim Bruch der Flachstähle bzw. am Schluß der Versuche α Grad	Kerbschlagzähigkeit mit Proben nach Abb. 140 (mit Rechteckkerb) mkg/cm²	Lage der Proben im Stab	Feststellung im Institut für die Materialprüfungen des Maschinenbaus Gemessene Nummer der Korngröße nach dem Werkstoffhandbuch Stahl und Eisen, 2. Auflage, T 11	Korngröße μ^2	Korngrößennummer (wie in Spalte 7)
St 37 KTb	2.6	29	38	3,5	Mitte	2	5 460	2 bis 4
					Rand	2	6 280	2 bis 3
St 37 PTu	13.16	36	41	1,0	Mitte	2	6 280	2 und 3
					Rand	1	15 700	2 bis 3
St 37 PSu	10.16	26	$>$ 110 [2]	5,5	Mitte	1 bis 2	2 616	4 und 5
					Rand	2	12 560	2 bis 3
St 37 PSb	7.1	35	49	4,9	Mitte	2	7 850	2 bis 3
					Rand	2	20 933	2 und 3
St 52 DSb	2.5	12,5	12,5	3,3	Mitte	1 bis 2	15 700	1
					Rand	1	20 933	1 und 2
St 52 DSbg	7.1	6,5	103 [2]	17,4	Mitte	5 bis 6	628	7
					Rand	5	460	8
St 52 GSbg	5.30	15	97 [2]	12,2	Mitte	8	541	8
					Rand	8	460	8
St 52 KSb	1.1	19	49	7,3	Mitte	3	6 280	2 bis 3
					Rand	3	7 850	2 bis 3
St 52 PSb	4.16	12	67	5,2	Mitte	4	5 024	4
					Rand	3	6 280	3 und 4

[1] Nutschweißbiegeproben.   [2] Nicht gebrochen.

o) Dilatometrische Messungen von O. Werner.

O. Werner hat Proben der 5 Stähle St 52 nach dem von ihm angegebenen Verfahren untersucht (Elektroschweißung 1939, S. 145f.).

Es fand sich

	der Hysteresebereich	der bleibende Biegewinkel α beim Versuch nach Abb. 118
bei St 52 DSb　zu	264°	7°
bei St 52 DSbg zu	126°	110°
bei St 52 GSbg zu	97°	102°
bei St 52 KSb　zu	206°	38°
bei St 52 PSb　zu	214°	28°

Nach diesen Versuchen war der Hysteresebereich um so größer, je kleiner der Biegewinkel α wurde.

9. Versuche über den Einfluß der Lage der Schweißraupe und über die Art der Vorbereitung der Nut für die Schweißraupe bei Biegeversuchen nach Abb. 118. Biegeversuche bei niederer Temperatur.

In einer Erörterung der unter 8 mitgeteilten Versuchsergebnisse wurde an Hand von Biegeversuchen, die in der Versuchsanstalt der Firma Friedr. Krupp in Rheinhausen ausgeführt worden sind, aufmerksam gemacht, daß durch Verlegen der Schweißnaht von der Mitte der Breitflachstähle nach dem Rand derselben günstigere Verhältnisse für die Verformungsfähigkeit der Proben entstünden[1]. Außerdem wurde auf Abb. 136 verwiesen, wonach die Vorbereitung der Schweißstelle von Einfluß ist. Deshalb sind die folgenden Versuche ausgeführt worden.

a) Abb. 183 enthält den Arbeitsplan und die Ergebnisse der Versuche über den Einfluß der Lage der Schweißraupe bei Flachstählen; die Versuche erstreckten sich auf drei Sorten St 52. Bei einem Teil der Proben sind die Schweißraupen wie bisher in eine gefräste Nut gelegt worden, in andern Fällen wurde nur die Walzhaut abgeschliffen. Die Schweißraupen lagen vergleichsweise in der Mitte oder nahe dem Rand der Breitflachstähle, beim St 52 GSbg überdies in einer Zwischenlage. Die ohne Nut verwendeten Proben des Stahls GSbg waren vor dem Schweißen normal geglüht, sonst spannungsfrei geglüht.

Die Herstellung erfolgte bei 20° C. Die Prüfung geschah nach Abb. 118 wie S. 65 beschrieben.

Die bleibenden Biegewinkel α_R, die bei Beobachtung des 1. Risses vorhanden waren, sind in Abb. 183 durch schwarze Säulen dargestellt. Die bleibenden Biegewinkel α, die am Schluß des Versuchs festzustellen waren, sind durch helle Säulen angegeben. Wenn diese hellen Säulen geschlossen gezeichnet sind, so ist die zugehörige Probe gebrochen; die halbschlossenen Säulen gelten für Proben, die ohne Bruch so weit verformt worden sind, als die verwendete Einrichtung dies zuließ.

Aus Abb. 183 kann folgendes entnommen werden:

Der Biegewinkel α_R bei Beobachtung des 1. Risses ist bei den Proben, die die Schweißraupen am Rande in gefräster Nut hatten, immer kleiner ausgefallen, als wenn die Schweißraupe in der Mitte in eine gefräste Nut gelegt war. Bei den Proben ohne Nut (St 52 GSbg) war α_R bei den Proben am größten, die die Schweißraupen am Rand hatten.

Der bleibende Biegewinkel α am Schluß des Versuchs ist durch die Verlegung der Raupen von der Mitte nach dem Rand der Breitflachstähle in 3 Fällen bedeutend vergrößert (St 52 GSbg mit Nut, St 52 KSb mit Nut und St 52 PSb mit Nut), in einem Fall (St 52 GSbg, Walzhaut abgeschliffen) nur unerheblich größer geworden. Demnach ist α

---

[1] Vgl. Schaper: Bautechn. 1938 S. 649f., Abb. 13 daselbst; ferner Houdremont, Schönrock u. Wiester: Techn. Mitt. Krupp, Forschungsberichte 2 (1939) Heft 15, S. 191f.

bei Verlegung der Schweißraupen von der Mitte nach dem Rand meist deutlich größer ausgefallen, jedoch nicht immer.

Bei diesen Feststellungen ist zunächst zu beachten, daß der Werkstoff der Breitflachstähle am Rand und in der Mitte in der Regel nicht gleich ist und demgemäß auch verschieden große Kerbschlagzähigkeit aufweisen kann. Es lag nahe, dazu die Kerbschlagzähigkeit des Werkstoffs am Rand der Breitflachstähle zu ermitteln[1] und dann zu verfolgen, ob die unter 8, 1) gemachte Feststellung über die Beziehung des Biegewinkels α und der Kerbschlagzähigkeit auch für die Versuche in Abb. 183 zutrifft.

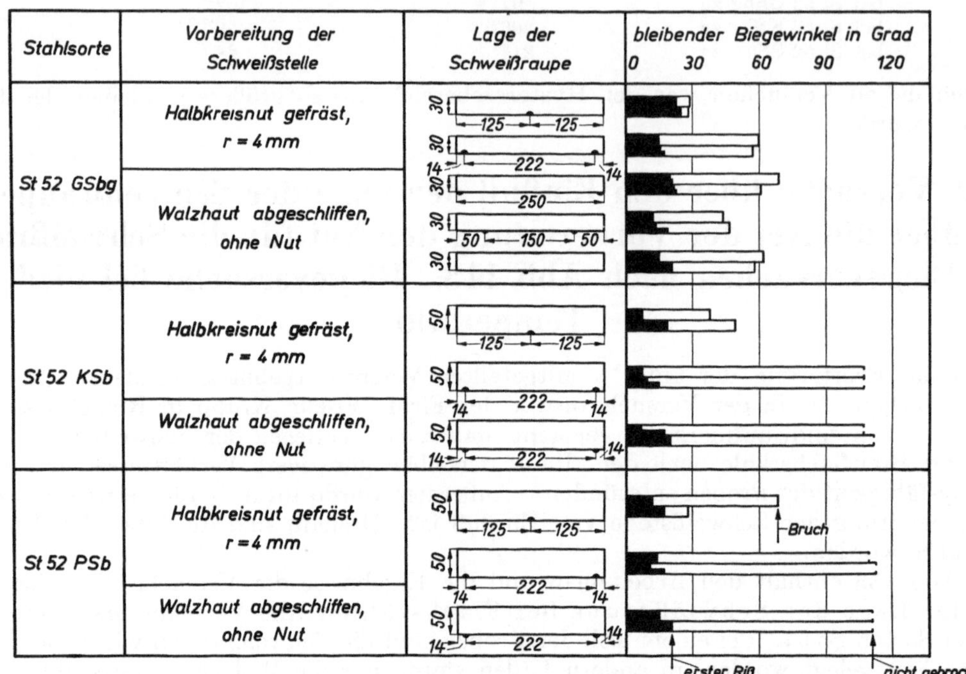

Abb. 183. Versuche nach Abb. 118 mit Proben, deren Schweißstellen in verschiedener Weise vorbereitet und deren Schweißraupen in verschiedener Lage angebracht waren.

Es fand sich mit Proben nach Abb. 140 ($w = 0,3$ mm) folgendes:

Stahl	Raupe in der Mitte der breiten Fläche		Raupe nahe den schmalen Flächen	
	Biegewinkel α	Kerbschlagzähigkeit mkg/cm²	Biegewinkel α	Kerbschlagzähigkeit mkg/cm²
St 52 GSbg, 30 mm . .	29°	2,8	57°	4,2
St 52 KSb, 50 mm . .	38 und 49,5°	6,1 und 7,3	> 107°	7,5
St 52 PSb, 50 mm . .	28 und 67,5°	4,6 und 5,2	> 110°	6,2

Hiernach ist die Kerbschlagzähigkeit für den Werkstoff am Rand der geprüften Breitflachstähle durchweg größer festgestellt worden als für den Werkstoff in der Mitte der breiten Fläche[2]. Wenn man die Ergebnisse der Versuche mit den Proben aus den 50 mm dicken Breitflachstählen KSb und PSb in Abb. 150 einträgt, so zeigt sich, daß sie über den Streubereich der daselbst eingezeichneten Ergebnisse zu St 52 fallen. Damit erscheint noch der Einfluß der Lage der Schweißraupe auf den Biegewinkel α.

Wichtig erscheint sodann, daß α beim St 52 GSg mit gefräster Nut kleiner ausfiel als ohne Nut (Schweißraupe in der Mitte)[3].

---

[1] Die Entnahme der Proben erfolgte jenseits der Enden der Schweißraupe, um den Werkstoff im Ursprungszustand zu prüfen.

[2] Weitere Feststellungen gleicher Art liegen für den Werkstoff Rü vor (vgl. S. 94 und 95).
Es fand sich die Kerbschlagzähigkeit des Werkstoffs in der Mitte der breiten Fläche   am Rand
         für St Rü (46 mm dick) zu 2,5   5,0 mkg/cm²

[3] Allerdings waren die Proben mit gefräßter Nut bei 600° geglüht, diejenigen ohne Nut normal geglüht.

b) **Weitere Biegeversuche** sind mit **Wulstflachstählen** ausgeführt worden. Die Proben (St 52 PSb) stammten aus Restbeständen zu den Trägern nach Abb. 3 bis 5. Zwei Stücke wurden nach Abb. 184 hergerichtet. Auf der oberen Fläche wurde der Wulst auf eine Länge von 250 mm weggehobelt; an der unteren Fläche ist eine Nut gemäß Abb. 118 gefräst worden; in die Nut wurde bei einer Lufttemperatur von 20° eine Schweißraupe gelegt, so wie dies unter 8 (S. 65f.) beschrieben ist. Zwei andere Stücke wurden nach Abb. 185 hergestellt. Hier lag der Wulst unten; an dem Wulst waren 2 Schweißraupen nach Abb. 186. Im übrigen ist auch bei diesen Stücken wie früher verfahren worden.

Der Biegeversuch nach Abb. 118 lieferte folgendes:

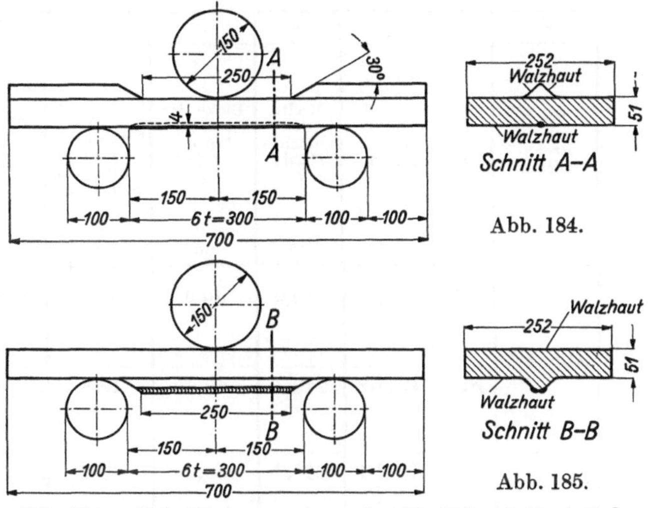

Abb. 184.

Abb. 185.

Abb. 184 u. 185. Biegeversuch nach Abb. 118 mit Reststücken der Wulstflachstähle zu den Trägern nach Abb. 3 bis 5.

	Bleibender Biegewinkel α_R bei Beobachtung des ersten Anrisses	Bleibender Biegewinkel α nach dem Bruch
Proben nach Abb. 184	6,5 und 3,5°	41,5 und 30,5°
Proben nach Abb. 185 und 186. .	3 und 5,5°	39 und 33°

Hier sind durch die verschiedene Anordnung der Schweißraupe nur unerhebliche Unterschiede der Biegewinkel eingetreten.

c) Außerdem wurden **Biegeversuche mit Stegprofilen** durchgeführt. Die Proben waren

α) aus St 52 PSb von Stücken zu den Trägern nach Abb. 66 und 67,

β) aus St 44 PS von Stücken zu Trägern mit Abmessungen nach Abb. 67.

An 2 Proben ist der Steg abgearbeitet worden; an der Gegenfläche wurde die Halbkreisnut nach Abb. 118 gefräst und bei 20° eine Schweißraupe aufgelegt (vgl. S. 65). Die Prüfung erfolgte nach

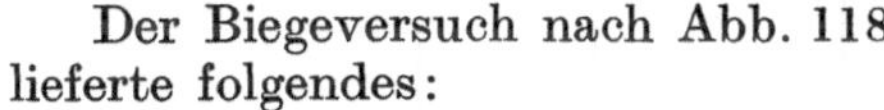

Abb. 186.

Abb. 187. Zwei weitere Stücke hatten die Maße nach Abb. 188; die Nut und die Schweißraupe waren am Stegansatz.

Die Ergebnisse der Biegeversuche sind in Zusammenstellung 27 niedergelegt. Hiernach betrug der

	bleibende Biegewinkel α_R bei Beobachtung des ersten Anrisses	bleibende Biegewinkel α beim Bruch der Probekörper
für Proben aus St 52		
nach Abb. 187 (ohne Steg)	8,5 und 6°	22,5 und 20°
nach Abb. 188 (mit Steg)	5,5 und 6°	48 und 48°
für Proben aus St 44		
nach Abb. 187 (ohne Steg)	5,5 und 8,5°	25 und 29°
nach Abb. 188 (mit Steg)	4 und 4°	30 und 36°

Mit beiden Stählen fand sich α_R mit Steg etwas kleiner als ohne Steg, α dagegen größer. Dabei ist zu beachten, daß bei gleichem Biegewinkel in der Zugzone der Proben nach Abb. 188 weit größere Dehnungen vorhanden sind als in der Zugzone der Proben nach Abb. 187.

Im ganzen ist hiernach der Zusammenstellung 27 zu entnehmen, daß die Verformung der Proben mit der Schweißraupe auf dem Steg weitergehend möglich war als mit der Schweißraupe auf dem Breitflachstahl.

Zusammen-
Biegeversuche

1	2	3	4	5	6	7	8	9	10	11	12
Stahlsorte	Form der Probekörper	Bezeichnung der Probekörper	Breite der Flachstähle b	Dicke der Flachstähle (an der Laststelle) t	Temperatur der Flachstähle und der Luft beim Schweißen	Spannung des Schweißstroms	Stärke des Schweißstroms	Schweißzeit Z_{sch}	Niedergeschmolzene Länge des Schweißdrahts	Länge der Schweißraupe l_s	Schweißgeschwindigkeit $\dfrac{(l_s - b_s)}{Z_{sch}}60$
			mm	mm	°C	V	A	sec	mm	mm	mm/min
St 52 PSb	Abb. 187	St 52 B 11.4	249,9	49,6	20,2	22 bis 32	185 bis 205	129	191	330	147
		St 52 B 11.2	249,7	49,4	19,8	20 bis 32	180 bis 210	131	187	310	136
	Abb. 188	St 52 B 11.1	250,0	50,0	19,7	20 bis 30	180 bis 205	126	189	338	153
		St 52 B 1.3	250,0	50,0	21,4	22 bis 30	180 bis 210	109	187	335	177
St 44 PS	Abb. 187	St 44 9.2	249,8	47,6	20,3	20 bis 32	180 bis 205	130	189	310	136
		St 44 7.2	249,8	47,8	19,9	22 bis 32	185 bis 205	128	190	300	134
	Abb. 188	St 44 7.1	249,9	48,5	19,6	22 bis 32	175 bis 200	122	185	305	142
		St 44 9.1	250,0	48,2	19,8	22 bis 32	180 bis 205	118	208	335	163

Die größte Härte im Übergang vom Werkstoff zur Schweißraupe, festgestellt mit dem Kugelrollhärteprüfer nach Hauttmann an den Proben 11.2, 11.1, 9.2 und 9.1, war sowohl beim St 52 als beim St 44 am Steg etwas kleiner als auf der Breitseite des Flachstahls.

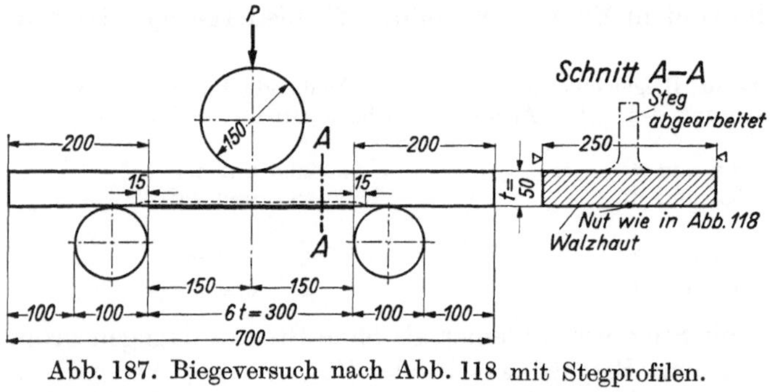

Abb. 187. Biegeversuch nach Abb. 118 mit Stegprofilen.

d) Schließlich sind mit 32 mm dicken Breitflachstählen St 52 PSb Biegeversuche nach Abb. 118 ausgeführt worden, wobei die Nut

α) wie üblich nach Abb. 118 gefräst,

β) mit einem Nutmeißel von Hand auf 2 mm Tiefe, mit dem Preßluftmeißel auf 4 mm Tiefe hergestellt war.

Die Proben mit gefräster Nut gaben etwas kleinere bleibende Biegewinkel α_R bei Beobachtung des ersten Risses. Alle Proben ließen sich ohne Bruch weitgehend verformen ($\alpha > 120°$).

e) Mit Proben vom Breitflachstahl St 52 PSb sind weitere Biegeversuche nach Abb. 118 (Nut gefräst, 2 mm tief, 4 mm breit, Schweißraupe bei einer Temperatur der Flachstähle von —60 und —65° aufgetragen; Stromstärke normal und etwa 50%

stellung 27.
mit Stegprofilen.

13	14	15		16	17		18	19	20	21	22	23	24	25
		Biegeversuche, lichter Abstand der Auflagerwalzen nach Abb. 187 und 188												
Breite der Schweißraupe b_s	Biegespannung bei Beginn des Zunderabspringens σ_{bz}	Ablesung unmittelbar vor dem 1. Anriß — Belastung P_{bv} (Biegespannung σ_{bv})		Gesamter Biegewinkel α_v	1. Anriß — Belastung P_R (Biegespannung σ_R)		Biegewinkel gesamter α_A	bleibender α_R	Lage des 1. Risses	Bruch — Höchstlast	Bleibender Biegewinkel α	Entfernung der Bruchstelle von der Laststelle	Zahl der Risse	Bemerkungen
mm	kg/mm²	t	(kg/mm²)	Grad	t	(kg/mm²)	Grad	Grad		t	Grad	mm		
14,7	48,8	73,0	(71)	9	75,0	(73)	10	8,5	10 mm von der Laststelle am Raupenkamm	91,5	22,5	10	10	
14,0	49,3	67,0	(66)	7	69,0	(68)	7,5	6	12 mm von der Laststelle am Raupenkamm	87,5	20	0	3	
16,6	63,2	66,0	(89)	6	67,0	(90)	6,5	5,5	3 mm von der Laststelle am Raupenkamm	90,4	48	0	68	Unter der Höchstlast plötzlicher Bruch über den ganzen Querschnitt
14,2	66,1	67,0	(90)	6,5	68,0	(92)	7	6	18 mm von der Laststelle am Raupenkamm	91,1	48	21	65	
15,5	47,7	58,0	(61)	6	60,0	(64)	7	5,5	12 mm von der Laststelle am Raupenkamm	81,0	25	16	17	
14,0	52,6	66,0	(69)	8,5	67,0	(70)	9,5	8,5	5 mm von der Laststelle am Raupenkamm	88,0	29	5	12	
15, 7	46,3	61,0	(81)	4,5	63,0	(83)	5	4	7 mm von der Laststelle am Raupenkamm	87,5	30	70	59	
15,7	64,5	57,0	(77)	4	59,0	(79)	4,5	4	12 mm von der Laststelle am Raupenkamm	83,5	36	16	72	

überhöht; Auflagerentfernung 12 t, Prüftemperatur 20° C) ausgeführt worden. Der bleibende Biegewinkel bei Beobachtung des ersten Risses betrug 1° gegenüber 3° bei einer gleichen

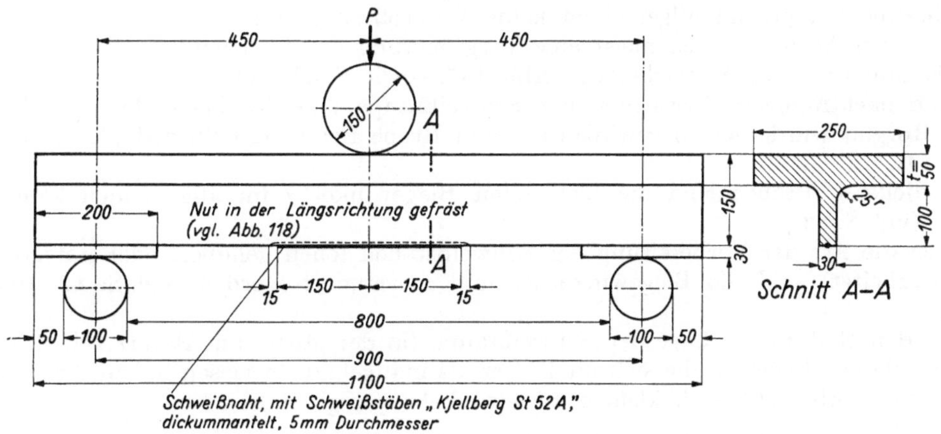

Abb. 188. Biegeversuch nach Abb. 118 mit Stegprofilen.

Probe, die bei 20° geschweißt worden ist. Alle Proben ließen sich weitgehend verformen, ohne daß ein Bruch eintrat.

10. Schlußbemerkungen.

Aus den vorliegenden Versuchsergebnissen sei folgendes als zur Zeit besonders wichtig hervorgehoben.

a) Die Träger nach Abb. 3 bis 5 mit Wulstprofilen wurden unter besonders ungünstigen Umständen aus St 52 PSb hergestellt (vgl. S. 8f). Der Stahl hatte die in Zusammenstellung 3 angegebene chemische Zusammensetzung; er wurde mit den ebenda genannten Temperaturen gewalzt; er lieferte beim Zugversuch $\sigma_{zF} = 33$ bis 35 kg/mm², $\sigma_{zB} = 55$ kg/mm², $\delta = 21\%$ und $\psi = 48\%$, beim Kerbschlagversuch mit Proben nach Abb. 140 $A = 5{,}2$ mkg/cm²; beim Nutschweißbiegeversuch mit Breitflachstählen nach Abb. 118 entstand der Bruch mit bleibenden Biegewinkeln von $\alpha = 28$ bis 67° (vgl. Zusammenstellungen 3, 16, 25 und 21, sowie Abb. 135). Das Schweißen der Träger erfolgte bei niederer Temperatur (vgl. S. 9). Bei einem Teil der Träger waren die Stegblechaussteifungen mit hohen Pressungen eingeklemmt (vgl. S. 11). Die Prüfung beim Biegeversuch erfolgte meist bei tiefer Temperatur der Zugzone, wobei hohe Belastungen oftmals wiederholt wurden (vgl. S. 16f.). In allen Fällen mußte der Versuch wegen weitgehender Verformung der Träger abgebrochen werden. Ein Bruch der Träger erfolgte nicht.

b) Die Träger nach Abb. 5 besaßen schon vor dem Biegeversuch im Übergang des Grundwerkstoffs zur Halsnaht viele feine kurze Querrisse nach Abb. 41 und 42 (vgl. S. 30). Proben aus solchen Halsnähten ergaben eine verhältnismäßig hohe Widerstandsfähigkeit gegen oftmals wiederholte Zugbelastungen (vgl. S. 34 und 35[1]). Der verwendete Werkstoff war demnach so beschaffen, daß die beim Schweißen entstandenen feinen Querrisse unter zulässigen Belastungen und auch darüber hinaus nicht zum Bruch führten. Der verwendete Werkstoff erscheint hiernach für geschweißte Brücken noch ausreichend.

c) Träger nach Abb. 66 und 67 mit Stegprofilen aus St 52 PSb (Werkstoff wie zu den Trägern nach Abb. 3 bis 5), hergestellt und geprüft in gleicher Weise wie die Träger nach Abb. 3 bis 5, zeigten die gleiche Widerstandsfähigkeit wie die Träger nach Abb. 3 bis 5. Jedoch waren die feinen Querrisse im Übergang vom Grundwerkstoff zur Halsnaht nicht von vornherein vorhanden; sie entstanden erst unter Belastungen, die über den zulässigen lagen (vgl. S. 51).

d) Breitflachstähle verschiedener Art und Herkunft verhielten sich beim Biegeversuch nach Abb. 118 sehr verschieden (vgl. S. 61 bis 84).

Der kleinste bleibende Biegewinkel beim Bruch von 50 mm dicken Proben aus St 37 war 21° (vgl. Zusammenstellung 21 und Abb. 135); der kleinste bleibende Biegewinkel für Proben aus St 52 war $\alpha = 7°$ (vgl. Zusammenstellung 21 und Abb. 135).

Der geglühte Breitflachstahl St 52 DSbg ertrug viel größere Biegewinkel α als der nichtgeglühte, allerdings auch anders erschmolzene St 52 DSb (vgl. Abb. 135).

Das Vorwärmen der Breitflachstähle auf Temperaturen bis 400° vor dem Auftragen der Schweißraupe brachte im allgemeinen keine Vergrößerung des Biegewinkels α_R vor dem Auftreten von Anrissen, doch meist eine Vergrößerung des Biegewinkels α bis zum Bruch bzw. bis zum Ende des Versuchs (vgl. Abb. 135, sowie S. 82 und 84).

Durch nachträgliches Erwärmen der Schweißraupe und des benachbarten Werkstoffs bis zur Rotglut wurde der Biegewinkel bis zum Bruch für St 52 DSb bedeutend vergrößert (vgl. S. 84).

Bei dickeren Proben sind die bleibenden Biegewinkel α im allgemeinen kleiner ausgefallen (vgl. S. 83).

Durch die Art der Vorbereitung der Schweißstellen (eben gehobelt oder mit Nute oder nicht bearbeitet) sind die Biegewinkel α_R und α geändert worden (vgl. S. 82, 103 sowie S. 104).

Über den Einfluß der Lage der Schweißraupe (in der Mitte, am Rand) vgl. S. 103f.

e) Stähle aus Brücken, die sich im Dienst als mangelhaft erwiesen haben, brachen beim Versuch nach Abb. 118 nach kleinen Biegewinkeln α (vgl. S. 84).

---

[1] Durch das Herausarbeiten sind die Vorspannungen der Nähte geändert worden. Über die ursprüngliche Größe der Vorspannung vgl. S. 58.

Der Werkstoff im Wulstflachstahl der Brücke über die Hardenbergstraße (vgl. S. 56f., insbesondere S. 61) und der Werkstoff eines Reststückes[1] von der Brücke nach Abb. 1 lieferten bei der Nutschweißbiegeprobe nach Abb. 118 $\alpha = 18°$ ($t = 65$ mm) bzw. $\alpha = 12,5$ und $18°$ ($t = $ rd. 60 mm). Die Kerbschlagzähigkeit an Proben nach Abb. 140 betrug 1,7 bzw. 2,2 mkg/cm².

f) Auch bei den Versuchsträgern, die unter 6 A und 6 B (S. 52f.) beschrieben sind, fanden sich Querrisse in den Übergangszonen vom Grundwerkstoff zur Halsnaht. Die beiden Träger waren unter hohen Anstrengungen gebrochen. Bei der Nutschweißbiegeprobe nach Abb. 118 brach der Werkstoff bei bleibenden Biegewinkeln von $\alpha = 29$ und $30°$ ($t = 24$ mm) bzw. 13 und $17°$ ($t = 42$ mm).

g) Durch die Versuche unter a) und b) ist gezeigt, welche Bedingungen für einen Werkstoff zu geschweißten Brücken eingehalten werden müssen; durch die Versuche unter e) und f) ergibt sich, welche Eigenschaften nicht mehr vorhanden sein dürfen und welche übertroffen werden müssen. Vorläufig ist anzunehmen, daß bei 50 mm dicken Breitflachstählen aus St 52 die Nutschweißbiegeprobe einen bleibenden Biegewinkel vor dem Bruch von mindestens $40°$ liefern muß. Diese Bedingung gilt für die Prüfung bei $20°$.

h) Die Härte im Übergang der Halsnaht der Träger nach Abb. 3 bis 5 bzw. 66 und 67 zum Grundwerkstoff betrug bis 375 kg/mm² (vgl. S. 29 und 49). An den Proben zu den Versuchen nach Abb. 118 sind Härtewerte bis 410 kg/mm² gemessen worden (vgl. Zusammenstellungen 9 und 23, sowie S. 85f.). Für die Härte im Übergang der Schweißraupe zum Grundwerkstoff und für die Größe der Biegewinkel α_R und α beim Versuch nach Abb. 118 fanden sich keine unmittelbaren Beziehungen (vgl. S. 89).

Die Eignung der Stähle zu geschweißten Tragwerken kann durch die Härteannahme allein nicht beurteilt werden. Vielmehr handelt es sich um die Eigenschaft des Werkstoffs, außerhalb der Schweißraupe in gekerbtem Zustand (Riß in der Schweißraupe am Rand des Grundwerkstoffs) — unter gewöhnlichen Verhältnissen und unter den praktisch selten vorkommenden tiefen Temperaturen — plötzlich Kräfte aufnehmen zu können, ohne durchzubrechen. Die Rißbildung, welche von der Schweißraupe ausgeht, wird in Werkstoffen mit hoher Kerbschlagzähigkeit, insbesondere von geglühten Stählen aufgehalten. Auch nichtgeglühte Stähle haben sich als brauchbar erwiesen, wie die Versuche mit den Trägern nach Abb. 3 bis 5 erkennen lassen. Über das Verhalten in tiefer Temperatur vgl. S. 94 und Zusammenstellung 25, Spalten 25 und 26.

i) Den Versuchen unter 8k und 8l (S. 92f). ist zu entnehmen, daß der Schlagbiegeversuch mit schmalen Schlitzkerben nach Abb. 140 eine weitergehende Unterscheidung der Stähle ermöglicht als der Versuch mit Proben nach Abb. 139. Die Reihenfolge war beim Versuch nach Abb. 140 im wesentlichen die gleiche wie beim Versuch nach Abb. 118 (vgl. Abb. 146 und 150[2]).

k) Die Versuchsergebnisse zeigen, wie vorzugehen ist, wenn der Werkstoff für geschweißte Brücken beurteilt werden muß. Der Biegeversuch nach Abb. 118 ist bis jetzt das wichtigste Hilfsmittel gewesen. Die Bedingungen, die dabei zu erfüllen sind, sind unter g) genannt. Einfacher sind Schlagversuche mit Proben nach Abb. 140 (vgl. Abb. 146 und 150). Die Schlitzbreite kann dabei auch breiter als 0,3 mm gewählt werden.

Auf alle Fälle ist die Prüfung auf Kerbschlagzähigkeit für Stähle zu geschweißten Brücken als Studienprüfung nötig. Diese Prüfung muß den praktischen Verhältnissen entsprechend auch bei $-20°$ erfolgen.

Aus der Prüfung von weiteren Stählen, die sich als nicht brauchbar erwiesen haben, und von Stählen, die in der Brücke keinen Mangel gezeigt haben, werden weitere Erfahrungszahlen gewonnen.

---

[1] Die Prüfung an Stücken aus dem Bauwerk ist eingeleitet.

[2] Die Unregelmäßigkeiten in Abb. 150 sind in erster Linie auf den großen Streubereich der Ergebnisse der Versuche nach Abb. 118 zurückzuführen. Vgl. auch Abb. 135.

Die Ursache der bisher geschilderten Mängel ist nach ihrem Wesen durch die vorstehend geschilderten Beobachtungen und durch andere im zugehörigen Arbeitskreis gewonnene Erkenntnisse erkannt. Es handelt sich zunächst um die Tatsache, daß der Übergang der Schweißnähte zum Grundwerkstoff harte, wenig formbare Zonen enthält, die unter hohen Zugspannungen stehen (vgl. S. 25f.). In diesen Übergangszonen sind ohne oder mit äußerer Belastung zahlreiche feine Querrisse entstanden (vgl. S. 29). Zur Begegnung dieses Mangels sind besonders geeignete Gurtquerschnitte zu wählen, auch Maßnahmen zu treffen, die das Entstehen solcher Risse in der Werkstatt[1] und im Gebrauch über die zulässigen Anstrengungen hinaus verzögern oder überhaupt hindern[2]. Es sind Werkstoffe bereitzustellen, die das Fortschreiten der feinen Risse aus den Halsnähten in den Grundwerkstoff ausreichend hindern und dazu auch bei tiefer Temperatur eine genügende Kerbschlagzähigkeit besitzen. Außer durch die Kerbschlagzähigkeit kann die Eignung der sachgemäß behandelten Stähle unter noch zu begrenzenden Voraussetzungen durch die Bestimmung der Korngröße nach Mc Quaid-Ehn (vgl. S. 102) und durch den Dilatometerversuch nach O. Werner (vgl. Elektroschweißung 1939, S. 145f.) verfolgt werden. Vgl. S. 103.

[1] Vgl. Grosse: Stahl u. Eisen 1940 S. 441f.
[2] Vgl. Graf: Bauingenieur 1938 S. 519f.